炼油工业技术知识丛书

延迟焦化

（第二版）

梁朝林　顾承瑜　编

中国石化出版社

内 容 提 要

　　本书在简单介绍延迟焦化在炼油厂中的地位、作用的基础上，详细阐述了石油烃类的热化学反应机理、延迟焦化装置的工艺流程、操作条件及影响因素、主要设备（加热炉、焦炭塔、分馏塔、机泵、水力除焦设备）的结构特点及其操作管理、安全环保、防腐蚀等；结合生产实践，总结了延迟焦化装置开停工及一般事故处理的经验方法。此外，对延迟焦化新技术的发展与应用等也做了适当的介绍。

　　本书可作为延迟焦化装置技术工人的培训教材；也可供从事延迟焦化装置管理的技术人员及有关院校师生阅读参考。

图书在版编目（CIP）数据

　　延迟焦化/梁朝林，顾承瑜编 . —2 版 .
—北京：中国石化出版社，2015.7
（炼油工业技术知识丛书）
ISBN 978-7-5114-3389-3

　　Ⅰ . ①延… Ⅱ . ①梁…②顾… Ⅲ . ①石油炼制-延迟焦化
Ⅳ . TE624.3

　　中国版本图书馆 CIP 数据核字（2015）第 134523 号

中国石化出版社出版发行

地址：北京市东城区安定门外大街 58 号
邮编：100011　电话：(010)84271850
读者服务部电话：(010)84289974
http://www.sinopec-press.com
E-mail：press@sinopec.com
北京富泰印刷有限责任公司印刷
全国各地新华书店经销

*

850×1168 毫米 32 开本 8.75 印张 230 千字
2015 年 7 月第 2 版　2015 年 7 月第 1 次印刷
定价：32.00 元

序

随着我国石油化学工业的不断发展，炼油技术也在不断进步，炼油企业管理水平不断提高。与之相应，炼油行业十分迫切需要既掌握炼油理论知识、又拥有丰富生产经验和较高技术管理水平的技术人员与管理队伍。近些年来，在石化企业中，由于很多老职工和老技术人员相继退休，离开了工作岗位，取而代之的是一大批年轻职工和许多参加工作不久的技术和管理人员。他们走上炼油行业关键技术和管理岗位后，迫切需要补充炼油技术知识。

为了确保装置安稳长满优运转，提高炼油企业的国际竞争能力，提高职工队伍的整体素质，造就一大批懂管理、懂技术的人才，非常有必要在广大炼化企业职工中大力传播专业技术知识，推广科学技术，营造比学赶帮超的良好学习氛围。为了适应这一需要，中国石化股份公司炼油事业部和中国石化出版社及时组织编写了《炼油工业技术知识丛书》。

参加该丛书编写的作者来自于各炼化企业、科研院所和大专院校，他们都是石油化工领域的专家和长期工作在生产一线的技术骨干。在编写过程中，他们将自己的丰富学识与多年的生产实践经验相结合，并查阅大量文献资料，精心编写。可以说，这套丛书的每一分册都是作者的智慧结晶。丛书按装置和专业设分册编写、出版，既考虑炼油厂装置的实际情况，也考虑炼油企业岗位不同工种的学习需要。在介绍基本理论、基本知识的基础上，紧密结合 炼油企业生产和技术管理的实际，注重理论与实践相结合。在文字表述方面，力求通俗易懂，深入浅出。

纵观丛书，最大的特色是理论与实际相结合，且系统性强，基本上涵盖了炼油工业技术 的基础知识。该丛书的出版发行，有利于普及炼油工业技术知识，有利于提高炼油企业职工 素质，有利于总结生产经验，能更好地为炼油装置的安稳长满优运行服务。我相信，《炼油工业技术知识丛书》的出版，将为行业内人员提供一套比较完整的炼油技术知识参考书，在 加强技术传播、促进技术交流、推广技术应用、指导生产实践等方面会起到积极的作用，得 到广大炼油行业从业人员的热烈欢迎。

中国工程院院士

前　言

20 世纪 80 年代初，由原大庆石油化工总厂编写了《延迟焦化》，2007 年，梁朝林、沈本贤在原《延迟焦化》基础上重新修订编写了《延迟焦化》。转眼过去了 7 年，我国的石油炼制的各种工艺技术及设备仪器都发生了巨大变化。延迟焦化装置也不例外，无论是延迟焦化装置的规模、数量，还是延迟焦化装置面临的任务都和以前有明显的差别。随着经济的发展，一方面是能源需求在不断增加，特别是汽、柴油产品质量（主要是降低硫含量）的升级，另一方面是世界原油总的趋势是变重变劣，高硫（或含硫）、高残炭、高金属和高酸值原油比例在增加，特别是随着重质与非常规原油开采技术的发展与成熟，这种趋势将更加明显。因此，炼油企业的主要任务是将原油最大限度地转化为轻质交通运输燃料和石油化工原料。在这种形势下，作为重油加工的重要装置——延迟焦化装置的作用非常重要。

编者早年曾在茂名石化公司炼油厂生产一线工作，现主要从事石油化工工艺的理论教学工作，也多次为中国石化延迟焦化装置高级技师班授课培训，深感有必要继续编写一些炼油工业技术图书。因此，编者应中国石化出版社之约，与中国石化金陵分公司的顾承瑜同志欣然承担起《延迟焦化》一书的编修任务。为了满足广大读者的需要，作者在原梁朝林、沈本贤编写的第一版《延迟焦化》的基础上，结合近期延迟焦化技术发展的情况，进行了修改，删除了过时的东西，增加了新的内容，力图更加符合当前的生产技术情况。期望本书在很好总结延迟焦化装置生产操作经验的基础上，重点介绍操作工人应知应会的基本原理、基本操作技术及基本的计算方法。本书尽可能用比较简洁通俗的语言去表达专业性较强的内容，用清晰的数字层次去阐明严谨的操作顺序。

近几年国内陆续新建或改扩建的一些延迟焦化装置，加工能力都在100万吨/年以上（中海油惠州炼化的延迟焦化装置已达420万吨/年），并采用了一些当代较为先进的技术，如生焦除焦过程的顺控联锁技术、远程智能除焦系统、双面辐射式加热炉、优化工艺流程及操作参数、配套完善吸收稳定系统、自动化的焦炭塔卸盖系统、四通阀由手动旋塞阀改为电动球阀等。尽管如此，延迟焦化当中石油烃类的热化学反应机理、工艺生产技术、主要的原理流程、设备结构及操作方法并无根本变化，仍然可继续使用。因此本书沿用原书成功的体系编写，只作推陈出新的微小努力。例如，随着技术发展某些专业术语、名词予以更新；删除或精简那些落后淘汰的空气-蒸汽烧焦法，补充新的在线清焦法和机械清焦技术；加热炉型由传统的立式炉改为多室双面辐射炉，焦炭塔等设备材料材质更新提升；作为新技术发展应用的可灵活调节循环比已得到广泛应用，调整放入前面的工艺流程介绍而不再列为发展述评。在新技术的发展与应用方面新增了避免或适应弹丸焦产生技术（国家自然科学基金项目21176050[劣质渣油生成弹丸焦的机理研究及预防对策])。

　　本书第1、2、3、4、8章由梁朝林编写，第5、6、7章由顾承瑜编写，第9章由梁朝林、顾承瑜共同编写，最后由梁朝林进行全书统稿。在本书编写过程中，主要参考了瞿国华主编的《延迟焦化工艺与工程》、胡尧良主编的《延迟焦化装置技术手册》、中国石化集团公司《延迟焦化装置高级技师教材》等书的内容，同时也参考和引用了劣质渣油生成弹丸焦的机理研究及预防对策（国家自然科学基金项目21176050）以及一些企业内部最新的技术资料，在此向这些作者表示最衷心的感谢。在资料收集和编写过程中硕士研究生刘武以及金陵石化公司炼油三部马建军、曹吉、岳粹航等给予了热情帮助，在此也向他们表示感谢。

　　由于编者知识局限、时间仓促，书中难免有谬误欠妥之处，敬请读者、特别是从事一线生产的技术管理人员提出宝贵意见，以便再版时修改。

梁朝林

目　录

第1章 绪 论

1.1 焦化的地位、作用

焦化(严格称焦炭化)工艺是一种重要的渣油热加工过程。它以渣油为原料,在高温(495~505℃)下进行深度热裂化反应,主要产物有气体、汽油、柴油、蜡油(重馏分油)和焦炭。它包括延迟焦化、釜式焦化、平炉焦化、流化焦化、灵活焦化等五种工艺过程。

延迟焦化工艺自20世纪30年代开发成功以来,至今已有80年的工业运转经验,已经成为一项重要的渣油加工工艺。自2000年始至今,随着我国轻质油品市场快速增长和炼油企业提高经济效益的需要,重油加工技术发展最快,其中尤以重油催化裂化和延迟焦化两种工艺路线最为明显。从近几年的统计数字看,延迟焦化仍然是我国重油加工的主要装置,重油转化能力仍居第一位。

据美国油气杂志2013年12月2日统计,2013年在全世界的645个炼油厂总焦化装置加工能力为2.57亿t/a。美国焦化装置总加工能力为1.45亿t/a,约占世界焦化装置总加工能力的56.48%,居世界首位;我国(不包括台湾省)焦化装置总加工能力为858万t/a,占世界焦化装置总加工能力的3.34%(油气杂志统计的焦化产能数据与我国实际数据不符,差别较大)。2013年,我国延迟焦化装置加工能力实际为1.26亿t/a,仅次于美国,居世界第二位,我国延迟焦化加工能力占原油一次加工能力的比例超过15%。

从炼油技术看,减压渣油的轻质化和预处理,生产适宜的催化裂化原料并减少催化裂化的生焦量已成为焦化过程的主要目的

1

之一。近年来，焦化过程也为加氢处理提供原料油。

目前，延迟焦化已不仅是重要的渣油转化过程和单纯为了增产汽、柴油的工艺方法；石油焦也已经不再是炼油的副产品。优质石油焦除了广泛用于钢铁、炼铝工业外，其应用已经逐步向生产新材料方面延伸，焦化工艺已成为生产碳素材料的工艺技术。在美国，渣油化学和沥青化学已经成为石油化学的新分支。日本的黑色油品化学也正在兴起。这方面，焦化工艺正在发挥着日益重要的作用。

延迟焦化工艺技术成熟，装置投资和操作费用较低，并能将各种重质渣油（或污油，甚至油泥）转化成液体产品和特种石油焦，可提高炼油厂的轻油收率，增加经济效益。随着渣油/石油焦的气体技术和焦化-气化-汽电联产工艺技术不断得到开发和应用，延迟焦化工艺至今以至于将来都是渣油深度加工的最重要手段。

1.2　延迟焦化的发展过程

在重质油热加工工业中，焦化方法主要有釜式、平炉、延迟、灵活和流化等五种。由于釜式、平炉两种工艺技术落后、间歇生产、劳动条件差、耗钢材多、能耗大、占地面积大等缺点，已被逐步淘汰。延迟焦化、流化焦化、灵活焦化都是已经工业化的焦化工艺，其中延迟焦化占焦化总加工能力的95%以上。

流化焦化和灵活焦化于20世纪50年代初期就已经工业化。虽然也建成了一些工业装置，由于焦粉和低热值煤气应用等因素的限制，而未能有更大的发展。与延迟焦化相比，它们具有连续操作、处理能力大、液体产品收率较高等许多优点。近年的研究结果认为，流化焦化的操作灵活性和可靠性已经得到证实，对于重质油加工还是具有吸引力的。

流化焦化是将氢碳比很低，含硫、含重金属高的渣油轻质化，生产气体、轻油和焦炭的连续工艺过程。它和延迟焦化工艺的区别在于：焦炭在流化床反应器内生成；焦炭在反应器和加热

2

器之间连续循环；部分焦炭在加热器内燃烧以提供裂化反应所需之热量；若选择低残炭、低重金属含量的原料及适当的操作条件，可使焦炭产率很低甚至实现"无焦焦化"。1954年第一套流化焦化装置投入炼油工业使用，目前世界上已有20多套流化焦化装置在运转中。

灵活焦化是在流化焦化工艺过程中附加一套焦炭气化设备，用副产的劣质焦炭产生燃料气。它是美国埃克森公司1968年开发的技术，自1976年日本川崎炼油厂建成第一套125万t/a灵活焦化以来，迄今建有7套工业装置，总能力达1750万t/a。其主要优点是能处理各种渣油，不受渣油质量的限制。

接触焦化，由于它的工艺及设备结构复杂，投资及维修费用高，技术不够成熟而发展极缓慢。

延迟焦化是渣油在炉管内高温裂解并迅速通过，将焦化反应"延迟"到焦炭塔内进行的工艺过程。焦炭塔可用数台轮换操作。延迟焦化装置是减少重质渣油产量并提高轻、中馏分油产率的必要手段，而且低硫石油焦是制造电极原料的主要来源。1930年8月，美国第一套工业化延迟焦化工业装置投产。经过半个多世纪的发展，延迟焦化在工艺技术、设备和生产操作等方面都有不少发展和创新。特别是应用水力除焦技术后，包括有井架水力除焦、无井架水力除焦、半井架水力除焦、微型切割器、加热炉在线清焦、焦炭塔顶/底自动卸盖机等技术，延迟焦化发展更为迅速。

我国是从20世纪60年代初决定开发、建设延迟焦化工业装置的。至今绝大部分的大型石化企业都建有延迟焦化装置，特别是新建炼厂都有延迟焦化装置，并将之作为主要的渣油转化过程。所产的焦化汽油经过加氢精制后成为较好的乙烯原料或催化重整原料；焦化柴油经过加氢脱硫、脱氮后成为优质柴油组分；焦化蜡油经过脱氮后用作催化裂化或加氢裂化原料油；在主要炼制国产原油的情况下，大部分延迟石油焦可符合1~3号石油焦的标准，经过煅烧后可作为炼钢的电极和炼铝工业的阳极焦。在高硫石油焦的综合利用方面，近年来的主要发展包括：焦炭造气联合发电技术和循环流化床（CFB）锅炉及汽电联产技术。我国自1999年开始建成、投产了多台220t/h的CFB锅炉，所产的10MPa蒸汽供25MW双轴式汽轮机发电机组发电。高硫石油焦用作立窑燃料生产水泥已经实现了工业化。

渣油焦化对提高轻质油品产量起着重要作用。以加工国产原油年处理能力为10Mt的炼油厂为例，进行工艺流程方案分析、比较后认为：建设一套年加工能力为3Mt的延迟焦化装置比不建延迟焦化装置的炼油厂每年可增产汽、柴油2Mt，使催化裂化装置处理量由3Mt/a扩大至4Mt/a，可以显著提高炼油厂的轻质油收率和经济效益。我国焦化能力约相当于原油加工能力的20%，延迟焦化-催化裂化-加氢处理联合过程是我国炼油工业目前采用的主要渣油转化工艺路线。

进入21世纪以后，由于进口高硫、高金属原油增多，燃料清洁化步伐加快，特别是汽油中的烯烃、硫含量向国际标准进一步靠拢，高硫、高金属中间基原油的重油已难以作为催化裂化的掺炼原料，延迟焦化已成为重油加工的首选工艺，其发展速度明显加快。

几十年来，我国对延迟焦化工艺作了许多改革和创新，达到提高产品收率、降低生产成本的目标。主要的创新包括：原料的预处理，如加强原油的脱盐、脱硫和脱酸；降低操作压力和循环比以提高液体产品收率；缩短焦化时间以提高加工能力；提高焦化加热炉的效率和延长操作周期；提高自动化水平实现安全操作；减少环境污染等方面。

优化包括延迟焦化工艺的联合工艺过程，可以提高液体产品收率、改善产品质量。国内的主要实践有：减压渣油先进行减黏裂化，减黏渣油再用作延迟焦化的原料油就可以提高液体产品收率，降低焦炭产率；为了优化延迟焦化与催化裂化的组合，焦化蜡油经过加氢处理后再用作催化裂化的原料就可以改善产品分布，减少生焦并延长开工周期；催化裂化油浆用作焦化掺合料可以提高延迟焦炭质量；采用主动适应弹丸焦生成、或避免弹丸焦产生的设计，适应加工劣质渣油，添加减焦增液助剂等。

国内的一部分延迟焦化装置存在的主要不足是：焦化加热炉热效率偏低、能耗偏高；焦炭塔等工艺设备操作和能力不平衡问题；加工劣质渣油时容易出现弹丸焦问题；环境污染有待改善；需要加强设备防腐以实现安全生产。

1.3 延迟焦化的特点

1.3.1 工艺特点

延迟焦化和其他形式的焦化共同之点是采用加热裂解，是渣油深度反应转换为气体、汽油、柴油、蜡油和固体产品焦炭的过程。延迟焦化与其他焦化方法的不同点是渣油以高的流速流过加热炉的炉管，加热到反应所需的温度495~505℃，然后进入焦炭塔，在焦炭塔里靠自身带入的热量进行裂化、缩合等反应。

热渣油在炉管里虽然已达到反应的温度，但由于渣油的流速很快，停留时间很短，裂化反应和缩合反应来不及发生就离开了加热炉，而把反应推迟到焦炭塔里进行，因此叫延迟焦化。

热渣油在焦炭塔里处于高温状态，不但压力大大减少，而且有足够的反应停留时间。因此，反应就能很好地进行。裂化、缩合等反应的结果产生了气体、汽油、柴油、蜡油和石油焦，达到了焦化目的。

为了保证在炉管里不发生反应或很少发生反应，在工艺上采用炉管注水（或水蒸气），以加快流速、缩短停留时间，避免在炉管内产生裂化反应而结焦。

综上所述，延迟焦化的工艺特点是：既结焦又不结焦。要求结焦在焦炭塔里，而不是在炉管或其他设备里。

1.3.2 操作特点

工艺流程上采用的是一个加热炉配两个（或四个）焦炭塔。渣油经加热炉加热后进入其中一个焦炭塔，生焦到一定高度后，将热渣油切换到另一个焦炭塔去。对于加热炉和后面的分馏系统来说，是连续操作，而对于焦炭塔来说就要进行新塔准备、切换、老塔处理、除焦等间歇操作。所以，延迟焦化是既连续又间歇的生产过程。

焦炭塔生焦到一定高度后，就需要切换另一个焦炭塔，这样就必然造成加热炉、分馏塔等周期性波动。为了保证平稳操作，产品质量合格，在操作上必须做好每一步骤的工作，尽量减少这种周期性的波动。如新塔的预热要缓慢；换塔前要加强岗位间的联系；加热炉温度烧高一点。全装置要保持平稳操作，加强调节；同时在波动的情况下，要使操作适应波动后的情况。及时调节分馏塔底温度；适当降低产品（抽出油）出装置流量等。

虽然操作发生周期性的波动，只要及时调节，认真操作，仍然可以保证生产平稳，产品质量合格。

1.4 延迟焦化的目的和任务

虽然国内现有延迟焦化装置加工总量大且装置套数也多，可是存在单套装置加工规模小、技术水平已落后及生产上会产生一定的环保问题等缺点，但是延迟焦化这种工艺在短时期内也不会马上被其他先进的渣油加工工艺所取而代之，因此当前近一段时间内延迟焦化的主要任务是如何进一步去完善流程优化操作，充分发挥其工艺流程简单、技术成熟可靠、操作费用低、对原料的适应性强、产品的柴汽比高等特点。延迟焦化的主要目标是提高液体收率、加工劣质渣油污油污泥、降低能耗、提高安全水平和减少环境污染。

1.4.1 处理重质渣油、劣质渣油和催化油浆

劣质原油的加工导致渣油产量快速增加。为合理加工炼油厂过剩的渣油以提高经济效益，大部分炼油厂都选择了工艺成熟、投资较低、操作费用较少和对原料适应性强的延迟焦化工艺技术。目前焦化装置的原料呈现多样化，已处理的原料多达 60 种，有减压渣油、常压渣油、超稠原油、减黏渣油、重质燃料油、煤焦油等。

随着加工劣质化原油的增加和上游加工装置总拔出率的提高，减压渣油残炭和硫含量上升、酸值也居高不下，使得焦化原料劣质化程度加深。在焦化原料中掺入适量的 RFCC 油浆，既可帮助催化裂化装置消化处理多余的油浆，又可减少生成弹丸焦几率，从而适应加工劣质渣油。

1.4.2　提高轻质油收率

多年来，延迟焦化装置都是加工渣油，以多产轻质油为主要目的。

一般原油中 350℃ 以前的轻质油拔出率约 20%～30%，满足不了需要。而且一般原油在常减压蒸馏后，减压渣油产率约 35%～45%，减压渣油经过延迟焦化进行二次加工，可以在减压渣油中得到 45%～50% 的轻质油(汽油+柴油)。因此延迟焦化装置不但给过剩的渣油找到出路，而且在提高轻质油收率方面起到很好的作用。

世界各大石油公司对延迟焦化技术的研究和改进的方向主要集中在提高液体收率、减少焦炭和气体的产率、优化操作条件、焦炭塔消泡、提高石油焦质量和延迟焦化组合工艺开发等。由于延迟焦化装置的加工量较大，液体收率哪怕只提高 1%，也能给炼厂带来巨大的经济收益。因此，提高延迟焦化工艺的液体产物收率一直是研究的主要目标。

1.4.3　生产优质石油焦

近几年来，由于石油焦在冶金、原子能、宇宙科学等方面的广泛使用，改变了石油焦作为延迟焦化副产品的地位。同时也对延迟焦化装置提出了新的要求。随着社会主义市场经济的不断扩大，冶金工业电极焦以及其他用途焦的需求量大大增加，就要求石油焦的导电性、机械强度、热膨胀性能都比较高。所以在延迟焦化装置改变生产方案，即改变原料性质、改变操作条件以生产针状焦或优质石油焦，已经成了延迟焦化的重要目的和任务。

1.4.4　消化处理炼厂劣质污油、污泥浮渣、废胺液

在减少炼厂"三废"当中，消化处理炼厂劣质污油污泥也是

延迟焦化装置的重要任务。

延迟焦化装置加工炼厂污油，一般途径有：一是作为焦炭塔的急冷油使用；二是作为分馏塔下部重蜡回流的一部分。值得关注的是，掺炼污油过程中含水量大于5%，易造成焦炭塔顶油气线法兰泄漏、分馏塔泡沫夹带和塔盘损坏。

延迟焦化在处理污水处理厂来的炼厂污泥浮渣时，一般在冷焦过程中加入：在大吹汽0.45min后掺入炼厂污泥1h，然后用蒸汽汽提疏通生焦孔0.15min，再进行给水冷焦作业。长期掺入炼厂污油易造成冷焦水和除焦水水质的恶化，会加快除焦系统设备、管线腐蚀，增加焦炭塔阀门泄漏风险，影响装置长周期安全运行。

炼油厂气体和液化气脱硫装置排放的废胺液可到焦化装置处理，和污泥浮渣的处理方式一样，一般是在焦炭塔大吹汽之后伴随着小给水进入焦炭塔进行回炼，利用焦炭的高温热量使废胺液分解。废胺液处理量视焦炭产量和小给水量而定。

1.5 延迟焦化的原料和产品质量指标

1.5.1 原料的种类及性质

延迟焦化装置的原料归纳起来大致有减压渣油（直馏渣油）、二次加工渣油（其中包括催化裂化油浆、减黏裂解渣油、脱油沥青）以及各种污油废油，甚至清罐油泥。大多数的延迟焦化装置主要以各种原油的减压渣油为原料，例如国内常见的为：大庆原油的减压渣油、伊朗拉万原油的减压渣油、沙特轻质原油的减压渣油以及这些渣油的混合油，其混合比例约为22:60:18。各种原油的性质不同，它们的减压渣油性质也不一样。就是同一种原油，经过不同的常减压装置后，由于加工方案不同、拔出率不同，渣油的性质也有很大的差异。我国延迟焦化装置所用的原料，一般的密度为$950\sim1050kg/m^3$，残炭为12%~25%，且含硫、含盐、含酸量较高。各种减压渣油的主要性质见表1-5-1。

表 1-5-1　各种原油减压渣油的主要性质

项　目	大庆类渣油	伊朗渣油	沙轻渣油	混合原料
密度(20 ℃)/(kg/m³)	933.2	984.8	1030.5	981.7
运动黏度/(mm²/s)				
80℃	383.2		5116	
100℃	159.1	3521	1206	1650
130℃		684.01		245
硫含量/%	0.2756	2.568	4.4076	2.395
酸值/(mgKOH/g)	0.04	0.06	0.02	0.048
氮含量/(μg/g)	3733	5304	3010	4545
残炭/%	8.54	14.87	22.41	14.84
C/H/%	85.12/12.1	85.3/11.4	86.4/10.5	85.45/11.39
凝点/℃	35	36	47	38
饱和烃/%	35.90	13.48	19.99	19.58
芳烃/%	35.37	52.21	53.18	48.68
胶质+沥青质/%	28.04+0.69	26.51+7.80	20.1+6.73	25.69+6.04
重金属含量/(μg/g)				
Na/Ca	11.17	21.0/5/20	17.98	18.29
V	4.10	102.6	48.20	71.14
Ni	6.83	4.76	1.66	4.66
Fe	16.28	10.78	2.30	1.046
馏分范围/℃	>540	>540	>530	
蜡含量/%	6.70	1.60	1.50	2.70

选择焦化原料油时，应该仔细研究原料的性质，包括相对密度、特性因数、残炭、硫及重金属含量等，从而预测焦化产品的产率及质量。

1.5.2　焦化原料的预处理

近年来，无论是生产电极焦还是生产燃料焦的焦化装置，均对焦化原料油的预处理十分重视。预处理包括原油的电脱盐、减压蒸馏深拔和焦化原料的加氢处理。

（1）原油电脱盐

运转正常的一级电脱盐装置的脱除率可达 95%，这相当于焦化装置进料的钠含量低于 5μg/g（与渣油收率和原油含盐量有关）。钠会使炉管结焦加速。为控制结焦，对焦化原料油钠含量极限作了不同的规定，其范围在 $15\sim30\mu g/g$ 之内。一般认为，此极限值与原料油的族组成有关。随着原油日益变重，为了提高电脱盐效率就需要提高电脱盐的温度，这就需要调整原油预热流程和电脱盐的操作。由于脱盐效果不好而需要在常压蒸馏过程中注碱，焦化原料的钠含量会相应增加。应该说，蒸馏过程采取注碱措施是迫不得已和不可取的。

（2）减压蒸馏深拔

提高炼油效益总趋势是减压蒸馏应按深拔操作，其效应是可以提高炼油厂的轻油收率和相对增加焦化装置的渣油处理能力。减压蒸馏深拔后，渣油产率和 VGO 质量均下降，对下游加氢处理、催化裂化装置操作均有影响。减压深拔对延迟焦化的影响有：蜡油收率降低 2%、焦炭收率增加了 2.5%，促使生焦高度同比上升、焦化装置循环比略有增加后导致处理量的降低、加热炉结焦速度加剧。因此必须对全厂作出技术经济综合评价才能得出减压蒸馏的最佳切割温度。

（3）焦化原料油加氢处理

焦化原料的加氢处理有助于提高液体产品收率和焦化产品的质量，加氢工艺和催化剂技术的进步为炼油厂采用联合流程加工渣油提高经济效益创造了条件。用高硫渣油时，焦化原料就需要进行加氢处理。减压渣油加氢裂化–延迟焦化联合过程可提高洁净液体产品的总收率。但是直馏渣油进行沸腾床加氢裂化时，在高转化率下操作可能生成稳定性较差的焦化原料，使焦化加热炉结焦速度加快。焦化装置用 100%加氢处理原料按高温、高循环比模式操作生产电极焦时，需要在进料中加入一部分催化裂化澄清油以缓解沥青质易于沉淀的问题。

1.5.3 延迟焦化装置的物料平衡

延迟焦化装置的主要产品有气体、汽油、柴油、蜡油和石油焦。而这些产品的分布和性质，都与原料性质、生产方案、操作条件有关。在典型操作条件下，延迟焦化过程的产品收率范围如下：

焦化汽油：8%～15%；

焦化柴油：26%～36%；

焦化蜡油：20%～30%；

焦化气体（包括液化石油气和干气）：7%～10%；

焦炭产率：国内原油16%～23%；东南亚原油17%～18%；中东原油25%～35%；现以茂名某沿海100万 t/a 延迟焦化装置处理伊朗原油、沙中渣油原油、科威特原油的减压渣油的混合油（其比例为 2：1：1）为例说明。延迟焦化装置物料平衡见表1-5-2。

表1-5-2　延迟焦化装置的物料平衡

序号	名称	组成/%	kg/h	t/d	万 t/a
一		原　料			
	渣油	100	125000	3000	100
二		产品			
1	焦化干气	9.29	7866	188.78	6.29
2	粗液化气	1.38	1730	41.52	1.38
3	稳定汽油	12.33	15404	369.70	12.33
4	柴油	31.50	39375	945	31.50
5	蜡油	14.00	27500	660	22.00
6	甩油	3.00	3750	90	3.00
7	焦炭	28.00	28750	690	23.00
8	损失	0.50	625	15	0.50
合计		100	125000	3000	100

（1）生焦率与原料性质关系

除了操作条件外，焦炭的质量和产率均与原料油性质有关。原料的结构直接影响焦炭的质量，原料中的杂质大部分富集到焦炭之中，而作为焦化原料的减压渣油则几乎富集了原油中的全部杂质。

原油四组分根据极性划分为 SARA（饱和分、芳香分、胶质和沥青质）。一般认为：沥青质构成了渣油的焦核，饱和分和芳香分组成了分散介质，胶质吸附于沥青质外围，是胶溶剂。沥青质和饱和分质量分数的增大不利于渣油的胶体稳定性，而胶质和芳香分质量分数的增大有利于渣油胶体稳定性的提高。

焦化过程中，渣油中的沥青质、胶质和芳烃分别按照以下两种反应机理生成焦炭：

① 沥青质和胶质的胶体悬浮物，发生"歧变"形成交联结构的无定形焦炭；

② 芳烃叠合和缩合。

（2）康氏残炭（CCR）法估算产物分布

重油残炭主要来源是其组成中含有稠环芳烃的胶质与沥青质或高分子化合物，多环芳烃

和烯烃在热作用下相互缩合脱氢也会产生残炭。在焦化过程中可用康氏残炭来估算重油加工中的生焦量和生焦倾向。

R. Maples 根据从 1951 年至 1986 年 60 多组传统焦化产品分布数据，对焦化产品收率和原料 CCR（残炭）进行关联，得到焦炭与残炭关联式，其相关性较好。而焦化汽油及其他馏分油的线性相关性很差，只能用减差法得到。

焦炭收率（%）= 1.64×CCR

气体收率（%）= 4.07+0.28×CCR

馏分油收率（%）= 100-焦炭收率-气体收率

1.5.4 延迟焦化装置产品的主要性质

（1）延迟焦化装置液体油品的主要性质

延迟焦化装置液体油品的主要性质见表 1-5-3。

表 1-5-3 延迟焦化装置液体油品的主要性质

项 目	汽油	柴油	蜡油
密度（20℃）/（kg/m³）	722.2	850.0	915.1
馏程/℃			
0	48	165	285

项　　目	汽油	柴油	蜡油
10%	78	204	350
30%	101	239	399
50%	114	274	419
70%	124	306	436
90%	148	344	473
100%	170	358	495
溴价/（gBr/100g）	75.8	59.8	
总硫/%	0.4131	0.7321	2.32
硫醇/（μg/g）	94	361	
残炭/%		0.131	0.347
运动黏度/（mm²/s）			
80℃	0.48	2.30	8.86
100℃	0.43	1.35	5.29
诱导期/min	485	1.35	

（2）延迟焦化装置固体产品焦炭的主要性质

延迟焦化装置固体产品焦炭的主要性质见表1-5-4。

表1-5-4　焦炭的主要性质

项　　目	数值	项　　目	数值
灰分/%	0.45	水分/%	0.28
挥发分/%	9.50	含硫/%	4.91

（3）延迟焦化装置焦化气体的组成

延迟焦化装置焦化气体的组成见表1-5-5。

表1-5-5　焦化富气、粗液化气、干气气体的组成

组成/%	相对分子质量	富气	粗液化气	干气
H_2	2	9.3		10.6
N_2	28	2.2		2.5
O_2	32	0.8		0.9

组成/%	相对分子质量	富气	粗液化气	干气
H_2O	18	0.1	11.1	0.8
H_2S	34	7.6	4.4	8.2
CO_2	44	0.9		1.0
CO	28	0.1		0.1
CH_4	16	36.7	0.9	41.6
C_2H_6	30	15.2	4.7	16.8
C_2H_4	28	1.9	0.3	2.1
C_3H_8	44	8.5	13.9	8.3
C_3H_6	42	3.9	5.6	3.9
$n-C_4H_{10}$	58	3.8	21.4	1.0
$i-C_4H_{10}$	58	0.9	4.5	0.6
$n-C_4H_8$	56	2.7	16.0	1.0
$i-C_4H_8$	56	0.7	5.1	0.3
$t-C_4H_8$	56	0.8	5.6	0.1
$c-C_4H_8$	56	0.2	1.0	
C_5H_{12}	72	2.36	2.8	0.2
C_5H_{10}	70	1.34	2.7	
合计		100	100	100
平均相对分子质量		28.25	47.96	24.3

第2章 焦化反应机理及延迟焦化装置的工艺原理流程

2.1 石油烃类的热化学反应

热加工过程包括减黏裂化、热裂化和焦化等多种工艺过程，其反应机理基本上是相同的，但其反应深度不同。由于重质油的化学组成十分复杂，除了包含各种分子结构和相对分子质量各异的烃类和非烃类化合物之外，还含有较多的胶质和少量沥青质以及碱金属、重金属、氮化物等杂质。所以，其热转化反应机理十分复杂。

2.1.1 烃类热裂解自由基反应机理

烃类的热裂解反应机理可用自由基理论来解释。烃分子热裂化是在高温下键能较弱的化学键断裂生成自由基，$H \cdot$、$CH_3 \cdot$ 和 $C_2H_5 \cdot$ 等较小的自由基又可以从其他烃分子抽取一个氢自由基而生成氢气、甲烷或乙烷及一个新的自由基。较大的自由基不稳定，会很快再断裂成为烯烃和小的自由基。这一系列的连锁反应最终生成小分子的烯烃和烷烃。除了甲基自由基外，其他自由基虽然也能从烃类中抽取氢自由基（或甲基自由基）生成烷烃，但是速度很慢。约有10%的自由基互相结合生成烷烃，终止反应。以下分别用烷烃、芳香烃说明热转化的反应机理。

（1）烷烃的热转化

烷烃的热转化反应主要是断链和脱氢：断链反应是 C—C 键断裂生成较小分子的烷烃和烯烃，脱氢反应是 C—H 键断裂生成碳原子数不变的烯烃及氢。

① 大烃分子的 C—C 键断裂生成两个自由基：

$$C_{16}H_{34} \longrightarrow 2C_8H_{17} \cdot$$

② 生成的大分子自由基在 β 位的 C—C 键再继续断裂成更小的自由基和烯烃：

$$C_8H_{17} \cdot \longrightarrow C_4H_8 + C_4H_9 \cdot$$
$$C_4H_9 \cdot \longrightarrow C_2H_4 + C_2H_5 \cdot$$
$$C_4H_9 \cdot \longrightarrow C_3H_6 + CH_3 \cdot$$
$$C_2H_5 \cdot \longrightarrow C_2H_4 + H \cdot$$

③ 小的自由基（例如甲基自由基，氢自由基）与其他分子碰撞生成新的自由基和烃分子：

$$CH_3 \cdot + C_{16}H_{34} \longrightarrow CH_4 + C_{16}H_{33} \cdot$$
$$H \cdot + C_{16}H_{34} \longrightarrow H_2 + C_{16}H_{33} \cdot$$

④ 大的自由基不稳定，再断裂生成小的自由基和烯烃：

$$C_{16}H_{33} \cdot \longrightarrow C_8H_{16} + C_8H_{17} \cdot$$

⑤ 自由基结合生成烷烃，连锁反应终止：

$$H \cdot + H \cdot \longrightarrow H_2$$
$$CH_3 \cdot + H \cdot \longrightarrow CH_4$$
$$C_8H_{17} \cdot + H \cdot \longrightarrow C_8H_{18}$$
$$C_8H_{17} \cdot + CH_3 \cdot \longrightarrow C_9H_{20}$$

（2）异构烷烃的热转化

异构烷烃的热转化反应机理与正构烷烃基本相同。

（3）环烷烃的热转化

带侧链的环烷烃的热转化主要是在侧链上发生与烷烃相似的 C—C 键断裂反应，侧链越长，断裂的速度越快。只有在较高的反应温度下才可能发生环烷环断裂生成环烯烃、环二烯烃等化合物的反应。

（4）芳烃的热转化

在热转化过程中，带侧链芳烃中的烷基侧链会发生与烷烃相似的键断裂，但芳环不能断裂，只能形成稳定的芳环自由基。芳环自由基可以再分裂或发生缩合反应生成多环芳烃和稠环芳烃。

① 芳烃的大分子侧链分裂：

$$C_6H_5C_{10}H_{21} \longrightarrow C_6H_5C_2H_4 \cdot + C_8H_{17} \cdot$$

16

② 生成的自由基再分裂：

$$C_6H_5C_2H_4 \cdot \longrightarrow C_2H_4 + C_6H_5 \cdot$$

③ 芳环自由基缩合：

$$2C_6H_5 \cdot \longrightarrow (C_6H_5)_2$$

2 个或多个苯环(萘环，蒽环)缩合物，逐步转化为稠环芳烃。缩合程度越深，环上的氢原子数越少。

自由基反应机理可以解释烃类热反应的许多现象。例如，正构烷烃热分解时，裂化气中含 C_1、C_2 低分子烃较多，也很难生成异构烷和异构烯烃等。

2.1.2　各种烃类的热化学反应

烃类在热(400~550℃)的作用下主要发生两类反应：一类是裂解反应，它是吸热反应；另一类是缩合反应，它是放热反应。至于异构化反应，则在不使用催化剂的条件下一般是很少发生的。

（1）烷烃

烷烃的热化学反应主要有两类：

① C—C 键断裂生成较小分子的烷烃和烯烃。

② C—H 键断裂生成碳原子数保持不变的烯烃及氢。

上述两类反应都是强吸热反应。烷烃的热反应行为与其分子中的各键能大小有密切的关系。表 2-1-1 列出了各种键能的数据。

表 2-1-1　烷烃中的键能

断裂的键	键能/(kJ/mol)	断裂的键	键能/(kJ/mol)
CH_3—H	431	C_2H_5—C_2H_5	335
C_2H_5—H	410	C_3H_7—CH_3	339
C_3H_7—H	398	C_2H_5—C_2H_3	335
n-C_4H_9—H	394	n-C_3H_7—n-C_3H_7	318
i-C_4H_9—H	390	n-C_4H_9—n-C_4H_9	310
t-C_4H_9—H	373	i-C_4H_9—n-C_4H_9	364
CH_3—CH_3	360		

由表 2-1-1 的键能数据可以看出烷烃热分解反应的一些规律：

① C—H 键的键能大于 C—C 键的，故后者更易断裂。

② 长链烷烃中，越靠近中央的 C—C 键能较小，越易断裂。

③ 随烷烃分子增大，烷烃中的 C—H 键及 C—C 键的键能都呈减小趋势，即它们的热稳定性逐渐下降。

④ 异构烷烃中的 C—H 键和 C—C 键的键能都小于正构烷烃，说明异构烷烃更易断链和脱氢，因此产物中异构烷烃量远远少于正构烷烃。

⑤ 烷烃分子中叔碳上的氢最容易脱除，其次是仲碳上的，而伯碳上的氢最难脱除。

从热力学判断，在 500℃ 左右，烷烃脱氢（C—H 键断裂）反应进行的程度不大，而烷烃脱碳（C—C 键断裂）反应则相对容易得多。

（2）环烷烃的热转化

环烷烃的热稳定性比烷烃高，裂解时主要是侧链断裂和环烷环的断裂两类反应，前者生成较小分子的烯烃或烷烃，且侧链越长，断裂的速度越快；后者生成较小分子的烯烃及二烯烃。

单环环烷烃的脱氢反应须在 600℃ 以上才能进行，但双环环烷烃在 500℃ 左右就能进行脱氢反应，生成环烯烃，再进一步脱氢生成芳烃。

（3）芳香烃的热转化

芳香烃是各种烃类中热稳定性最高的一种。各种芳烃分解难易程度的顺序是：带侧链的芳烃＞带甲基的芳烃＞无侧链的芳烃。一般条件下芳环不会断裂，但在较高温度下会进行脱氢缩合反应，生成环数较多的芳烃，逐步转化为稠环芳烃，直至生成焦炭。缩合程度越深，环上的氢原子数越少。因此，烃类热反应生成的焦炭是 H/C 原子比很低的稠环芳烃，其具有类石墨状结构。

带烷基侧链的芳烃在受热条件下主要是发生侧链断裂或脱烷基反应。而侧链的脱氢反应则须在更高的温度（650~700℃）时才能发生。

①芳烃的大分子侧链分裂，但芳环不断裂：

$$C_6H_5C_{10}H_{21} \longrightarrow C_6H_5C_2H_4 \cdot + C_8H_{17} \cdot$$

② 生成的自由基再分裂，形成稳定的芳环自由基：

$$C_6H_5C_2H_4 \cdot \longrightarrow C_2H_4 + C_6H_5 \cdot$$

③ 芳环自由基缩合，生成多环芳烃和稠环芳烃：

$$2C_6H_5 \cdot \longrightarrow (C_6H_5)_2$$

环烷芳香烃的反应按照环烷环和芳香环之间的联接方式而异。联苯型环烷芳烃分子裂解时首先是在环烷环和芳环之间的键断裂，生成环烯烃和芳香烃，在更苛刻的条件下，环烯烃能进一步破裂开环。缩合型分子的热反应主要有三种：环烷环断裂生成苯的衍生物、环烷环脱氢生成萘的衍生物以及缩合生成高分子的多环芳香烃。

（4）烯烃

虽然在直馏馏分油和渣油中几乎不含有烯烃，但是从各种烃类热反应中可能产生烯烃。这些烯烃在加热的条件下进一步裂解，同时与其他烃类交叉地进行反应，于是使反应变得极其复杂。

在温度不高时，烯烃裂解成气体的反应远不及缩合成高分子叠合物的反应来得快。但是，由于缩合作用所生成的高分子叠合物也会发生部分裂解，这样，缩合反应和裂解反应就交叉地进行，使烯烃的热反应产物的馏程范围变得很宽，而且在反应产物中存在饱和烃、环烷烃和芳香烃。烯烃在低温、高压下，主要进行叠合反应。当温度升高到400℃以上时，裂解反应开始变得重要，碳链断裂的位置一般在烯烃双键的 β 位置。

烯烃的分解反应有两种形式：

大分子烯烃——→小分子烯烃+小分子烯烃

大分子烯烃——→小分子烯烃+小分子二烯烃

其中二烯烃非常不稳定，其叠合反应具有链锁反应的性质，生成相对分子质量更大的叠合物，甚至缩合成焦炭。

当温度超过 600℃时，烯烃缩合成芳香烃、环烷烃和环烯烃的反应变得更为明显。

2.1.3 非烃类化合物的热转化反应

（1）含硫化合物

原油中含硫化合物主要有硫醇、硫醚、二硫化物和噻吩等，在重油中噻吩类硫含量约占总硫含量的三分之二。

硫醚类化合物中 C—S 键能远比 C—C 键为小，因此它们的热稳定性低于同碳数的烃类，在受热条件下 C—S 键很容易断裂，这是延迟焦化过程能部分脱硫的原因之一。

不同结构硫醚的热稳定性也不同，芳基硫醚比较稳定，环硫醚（硫杂环烷）次之，烷基硫醚最不稳定。烷基硫醚和环硫醚受热转化的产物主要是不饱和烃类和 H_2S，如：

$$RCH_2—S—CH_2CH_2R' \longrightarrow RCH =\!\!=CH_2 + R'CH =\!\!=CH_2 + H_2S$$

$$R—\overset{\boxed{}}{\underset{S}{}} \longrightarrow RCH =\!\!=CHCH =\!\!=CH_2 + H_2S$$

和芳香环相类似，噻吩环的热稳定性相当高，一般情况下环不易破裂。重质油中含有噻吩衍生物，而且多半属于苯并噻吩系、二苯并噻吩系和萘并噻吩系，受热条件下它们会产生烷基或环烷取代基的断裂反应，而芳香环和噻吩环并合的稠环系则基本保留，所以重质油热转化过程所生成的渣油中的硫大部分为噻吩硫。延迟焦化所生成的高硫石油焦中硫的前身也应该是噻吩硫。

（2）含氮化合物

渣油中的氮含量也是比较高的，所含的氮化物主要存在于五元的吡咯系或六元的吡啶系的杂环中，它们均具有芳香性，这种热稳定环不易破裂。渣油中的氮杂环一般是与苯环或萘环相并合的。在热转化条件下，它们往往会缩合为更大的芳香环系，从而富集于热反应后的残渣油中。

这些含氮环系分子上大多还带有烷基侧链。在受热时，它们和一般烷基芳香烃一样会发生侧链断裂反应。由于氮的存在，与

20

氮杂环并合的芳香环上的烷基侧链与芳香环之间的 C—C 键会被活化，从而使侧链更容易断裂，导致重质油热转化反应速率的增大。

（3）含氧化合物

原油中所含的氧主要存在于羧基和酚基中，羧酸主要是环烷酸。此外，还有少量的脂肪酸和芳香酸。羧酸对热不稳定，容易发生脱羧基反应生成烃类和 CO_2，如：

$$RCOOH \longrightarrow RH + CO_2$$

综上所述，重质油的烃类和非烃类在热转化过程中都是朝着两个方向进行，一个是裂解，一个是缩合。前者为较大分子经热分解和脱烷基后成为较小的分子；后者则为较小的分子脱氢缩聚成为较大的分子。

2.1.4 胶质的热转化

胶质在受热过程中朝两个方向进行反应，一方面裂解生成气体、馏分油、饱和分和芳香分，另一方面又缩聚为沥青质进而生成焦炭。同时胶质在热转化反应的初期基本不生焦，只有当转化到一定程度后才有大量的焦炭生成，而此时反应体系中沥青质含量显著下降。胶质经过热转化后其氢炭比、相对分子质量及平均链长均减小，芳碳率及缩合指数增大，硫含量及硫碳比下降，氮含量及氮碳比则呈上升趋势。随着温度的升高，胶质的侧链断裂反应、C—S 键断裂反应以及环系的缩合反应均逐渐加剧。

2.1.5 沥青质的热转化

在重质油热转化中，沥青质是焦炭的前身物，芳香分及胶质都是通过转化成沥青质后才生成焦炭的。沥青质开始分解的温度是相对低的，在<300℃时即开始分解放出 CO_2、CO、H_2S、CH_4 及 C_2H_6。至 350~450℃时，它的分解反应就相对剧烈，在气体中出现烯烃和 H_2，同时产生大量的苯不溶物。

沥青质从 350℃起即生成 H_2S，表明其中含有易于分解的硫醚结构，而 CO_2 的生成则源于羧基，这些官能团可能处于沥青质芳香核的周边；沥青质热转化后生成一系列烷烃，从 350℃起先是随反应温度的升高而增多，至450℃及适当反应时间时达到一极大值，随后由于二次裂解而趋减少，这表明其结构中含有长度不一的侧链和桥链，最长达30个碳左右；沥青质在高温下热转化生成的无取代基芳烃源于其芳香核。

由以上的讨论可知，烃类在加热的条件下，反应基本上可以分成裂解与缩合（包括叠合）两个方向。裂解方向产生较小的分子，而缩合方向则生成较大的分子。烃类的热反应是一种复杂的平行顺序反应。这些平行的反应不会停留在某一阶段上，而是继续不断地进行下去。随着反应时间的延长，一方面由于裂解反应，生成分子越来越小、沸点越来越低的烃类（如气体烃）；另一方面由于缩合反应生成分子越来越大的稠环芳香烃。高度缩合的结果就产生胶质、沥青质，最后生成碳氢比很高的焦炭。

2.1.6　反应热

烃类的热转化包括分解、脱氢等吸热反应以及叠合、缩合等放热反应。由于分解反应占据主导地位，因此，烃类的热转化通常表现为吸热反应。

渣油热转化的反应热通常是以生成每千克汽油或每千克"汽油+气体"为计算基准。反应热的大小随原料油的性质、反应深度等因素的变化而在较大范围内变化，其范围在 500~2000kJ/kg之间。重质原料油比轻质原料油反应热（指吸热效应）大，而在反应深度增大时，吸热效应降低。

2.2　延迟焦化过程的反应机理

延迟焦化工艺作为一种渣油热加工过程，其反应机理十分复杂，更无法定量地确定其所有的化学反应。但是，可以认为在延迟焦化过程中，渣油热转化反应是分三步进行的：

①原料油在加热炉中很短时间内被加热至450~510℃，少部分原料油气化发生轻度的缓和裂化。

②从加热炉出来的、已经部分裂化的原料油进入焦炭塔。根据焦炭塔内的工艺条件，塔内物流为气-液相混合物。油气在塔

内继续发生裂化。

③焦炭塔内的液相重质烃，在塔内的温度、时间条件下持续发生裂化、缩合反应，直至生成轻质烃类和固体焦炭为止。

2.2.1 石油焦的分类

石油焦是黑色或灰暗色的固体，多孔并带有金属光泽，呈堆积颗粒状，不能熔融，是一种部分石墨化的碳素材料。石油焦含碳 $90\% \sim 97\%$，含氢 $1.5\% \sim 8\%$，含有氮、硫、氧及微量重金属，它广泛应用于冶金、化工等行业，作为制作电极或生产化工产品的原料。

从焦化装置生产出来的石油焦均称为生焦或原焦，它含有一些未炭化的挥发分，强度较差。这是由于焦化原料并不是同时进入焦炭塔的，它们所经历的反应时间跨度很大，其中较晚进入焦炭塔的原料油未来得及充分炭化即被出焦所致。生焦可以直接当作燃料，如果要做炼铝的阳极或炼钢用的电极，则需再经高温煅烧，使其完成炭化过程，使挥发分降低至最小程度。经过煅烧的焦炭称为煅烧焦或熟焦。

按其结构形态的不同，石油焦可分为下列三类。

（1）海绵焦

海绵焦又称为普通焦（见图 2-2-1），延迟焦化装置所产出的大部分属于此类焦，其外观为黑褐色、多孔、如海棉状的不规则固体。海绵焦经煅烧后主要用于炼铝工业及碳素行业。

（2）针状焦

针状焦又称优质焦（见图 2-2-2），它的结构致密，孔大而少，具有银灰色的金属光泽，破裂面有清晰的纤维纹理结构。与海绵焦相比，它具有较高的密度和强度、较低的电阻及热膨胀系数，因此更适合做电极。

（3）弹丸焦

延迟焦化在一定条件下，有可能生

图 2-2-1　海绵焦
（又称普通焦）

23

成弹丸焦，这种焦形如弹丸，又称球形焦（见图2-2-3），其直径大小不一，表面坚硬少孔，它只能做发电、水泥等工业燃料。

图2-2-2　针状焦　　　　　　　图2-2-3　弹丸焦

2.2.2　焦炭的生成机理

焦化过程中，渣油中的沥青质、胶质和芳烃分别按照以下两种反应机理生成焦炭。

① 胶质、沥青质在高温条件下，除了缩合反应生成焦炭外，还会发生断侧链、断链桥等反应，生成较小的分子。沥青质和胶质的胶体悬浮物，发生"歧变"形成交联结构的无定形焦炭。这些化合物还发生一次反应的烷基断裂，这可以从原料的胶质-沥青质化合物与生成的焦炭在氢含量上有很大差别得到证实（胶质-沥青质的碳氢比为8~10，而焦炭的碳氢比为20~24）。胶质-沥青质生成的焦炭具有无定形性质和杂质含量高，所以这种焦炭不适合制造高质量的电极焦。

② 芳烃叠合和缩合，由芳烃叠合反应和缩合反应所生成的焦炭具有结晶的外观，交联很少，与由胶质-沥青质生成的焦炭不同。使用高芳烃、低杂质的原料，例如热裂化焦油、催化裂化澄清油和含胶质-沥青质较少的直馏渣油所生成的焦炭，再经过焙烧、石墨化后就可得到优质电极焦。

选用不同性质的焦化原料油就可以生产不同性质和产率的焦炭。例如几种焦化原料按不同比例调和，改变原油品种或调整原油的混合比例，就可以改变焦化原料的性质。根据焦化装置的设

24

计条件，可以在一定程度上通过改变操作条件来调整焦炭的产率及其性质。在设计新的焦化装置时，应考虑原料的性质和焦炭的可能用途来设定装置的操作参数。

焦化原料油的康氏残炭是测定生焦倾向的最主要性质。康氏残炭与生焦量的相对关系图见图2-2-4。实验室测得的残炭就是渣油在蒸发和裂解过程生成的含炭残渣。这种残渣在化学结构上与延迟焦化过程生成的焦炭相似。各种烃和非烃物质在反应过程生成焦炭的相对量也示于图2-2-4中。随着原料康氏残炭的增大，由胶质-沥青质生成的无定形焦炭比例也逐渐增大，例如对于康氏残炭为8%的原料，无定形焦炭约占总生焦量的16%；而对于康氏残炭为24%的原料，此值约为40%。

应该指出，图2-2-4中生焦线所示的焦炭产率略高于常规延迟焦化装置的生焦率。关于焦炭收率的计算参见本书1.5.3的内容。

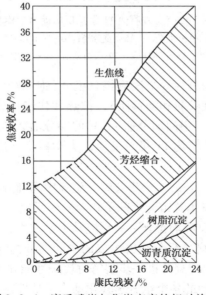

图2-2-4　康氏残炭与焦炭产率的相对关系

2.2.3　热转化反应的集总模型

关于重质油热转化反应动力学模型的研究方法较多，且已经发表的许多预测焦化反应产品分析的经验公式，均有一定的使用局限性和误差。若要求精确预测减压渣油在不同反应条件下的热转化产物分布，就必须采用研究复杂反应动力学所使用的集总方法。此处只对 11 集总反应动力学模型（见图 2-2-5）做简单介绍。

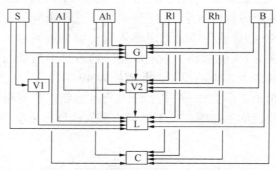

图 2-2-5　重质油 11 集总反应动力学模型

S—饱和烃；Al—轻芳烃；Ah—重芳烃；Rl—软胶质；Rh—硬胶质；
B—沥青质；G—气体；L—汽油；V1—中间馏分油 1；V2—中间馏分油 2；C—焦炭

把减压渣油分为 6 个反应集总组分（饱和烃、轻芳烃、重芳烃、软胶质、硬胶质和沥青质），把热转化产物分为 5 个集总组分（气体、汽油、中间馏分油 1、中间馏分油 2 和焦炭），就可以建立减压渣油热转化 11 集总反应动力学模型。这套反应动力学模型的假设包括：

① 饱和烃之外的 5 个集总组分生成中间馏分油 2 和焦炭；

② 6 个反应集总组分之间不相互发生反应；

③ 所有的反应均符合一级反应动力学方程；

④ 饱和烃集总组分裂解生成的中间馏分油与其他 5 个集总组分生成的中间馏分油进一步裂解时反应性能并不相同；

⑤ 不同渣油的各个组分热转化动力学特性是接近于恒定的。

减压渣油 11 集总反应动力学模型网络共包括了 28 个反应速率常数。用大庆、鲁宁管输减压渣油的饱和烃、轻芳烃、重芳烃、软胶质、硬胶质和沥青质 6 个组分为原料，分别进行热转化试验。然后用试验的结果求取 11 集总反应动力学模型的参数，就可以用计算机预测热转化过程的产品分布。

用大庆、鲁宁管输减压渣油为原料，进行分离和热转化试验，求取相关动力学参数。比较实验结果与用集总模型计算结果，证实两种结果吻合较好。

2.3　延迟焦化的工艺流程

常规延迟焦化装置由生焦系统、除焦系统、产品分馏系统和气体处理系统组成。生焦系统包括加热炉部分和焦炭塔部分、吹汽密闭放空部分、密闭循环冷焦水部分；除焦系统包括水力除焦部分、焦炭储运部分；产品分馏系统包括分馏塔部分、汽提塔部分、冷换设备部分；气体处理系统包括吸收稳定部分、气体和液化气脱硫部分、液化气脱硫醇部分和溶剂再生部分。

2.3.1　焦化反应-分馏工艺流程

2.3.1.1　典型延迟焦化装置的工艺流程

延迟焦化装置的常规工艺流程如图 2-3-1 所示。

焦化原料油先与焦化瓦斯油换热，然后进入焦化主分馏塔底部的缓冲段，在塔底与循环油混合，由此用加热炉进料泵送入加热炉。混合原料在炉中被迅速加热并有部分汽化和轻度裂化。为保持所需的流速、控制停留时间和抑制炉管内结焦，需向炉管内注入蒸汽。渣油被快速加热升温到 495～505℃，经四通阀进入焦炭塔中。焦炭塔内的油蒸气发生热裂化反应，重质液体则连续发生裂化和缩合反应，最终转化为轻烃和焦炭。全部油气从焦炭塔顶部逸出并进入主分馏塔。焦炭塔为间歇操作，交替进行生焦、除焦操作。需要有两组(2 台或 4 台)焦炭塔进行轮换操作，即一组焦炭塔为生焦过程；另一组为除焦过程。

从焦炭塔顶出来的油气进入焦化主分馏塔底部的缓冲段，用

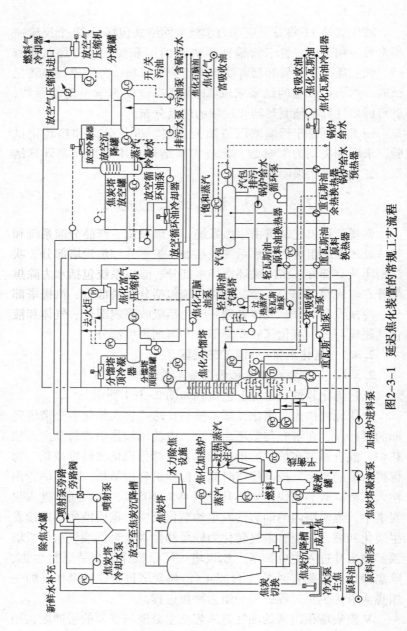

图2-3-1 延迟焦化装置的常规工艺流程

28

从上部洗涤段来的蜡油冲洗和冷却，使循环油冷凝下来。循环油与新鲜原料油在塔底混合，用泵送入加热炉。焦化主分馏塔下部设重瓦斯油循环回流段，从循环回流塔盘抽出重瓦斯油，取出的回流热量用于预热原料油，发生蒸汽和（或）作为气体回收部分重沸器的热源。主分馏塔上部为柴油精馏段，从此抽出柴油，经过在汽提塔内用蒸汽汽提后作为产品。塔顶产品为汽油和焦化富气经过冷凝冷却和油水分离后，分出的富气经过焦化富气压缩机升压后送入气体回收部分，分离为液化石油气及燃料气。分离出的石脑油除了用作塔顶回流外，其余部分作为焦化石脑油产品送出装置。为了有效回收热量，也可用上部循环回流代替塔顶冷回流。分离出的含硫污水送至污水汽提装置进行处理。高温油气在分馏塔中进行传热、传质，经过分馏得到富气、汽油、柴油和蜡油等中间产品。

2.3.1.2 改进型工艺流程

随着延迟焦化工艺的不断发展，加热炉的对流段和辐射段不再分开，逐渐由传统流程（图2-3-2）发展成为改进的流程（图2-3-3）。与传统流程相比，改进流程中的原料直接进加热炉对流、辐射段加热，克服了传统流程焦化炉对流、辐射分开加热导致对流段容易超温、分馏塔底温度调节不灵活的缺点，具有流程简化、投资省和动力消耗较低的优点。

近10年来国内新建装置采用了改进的流程，由于反应油气与焦化原料在分馏塔洗涤段直接接触进行传热和传质，通过调节焦化原料油上下进料流量，控制进料油气中重组分的冷凝量，进而实现循环比的调节。但该流程仍有缺点，当为了提高液收而降低循环比操作，在较低循环比（低于0.2）条件下，只有少量原料油作为洗涤油与大量高温反应油气接触洗涤脱过热，容易造成焦粉洗涤不充分，焦化蜡油焦粉含量升高，特别是对沥青质含量高、热稳定性差的原料，极容易在焦化分馏塔洗涤段塔盘结焦。

为适应原料劣质化趋势，并满足低循环比操作及长周期运行

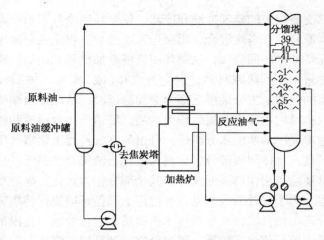

图 2-3-2　延迟焦化传统流程

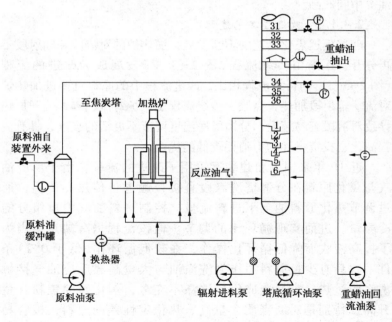

图 2-3-3　延迟焦化改进流程

的要求，国内各工程公司及科研机构对延迟焦化工艺流程进行了研究探索，先后提出了不同的改进流程。

（1）可调循环比流程

可灵活调节循环比流程，如图2-3-4所示。

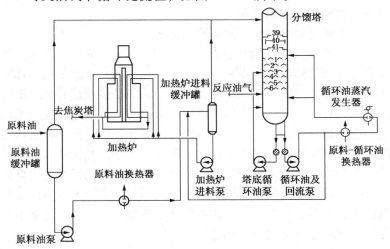

图2-3-4　可灵活调节循环比流程

可调循环比流程，与传统流程相比，焦化原料不进入分馏塔，循环油自分馏塔底抽出，与原料在加热炉进料缓冲罐内混合。分馏塔内采用循环油与反应油气直接接触，冷凝出油气重组分，通过控制换热深度调整循环油抽出量，达到灵活控制循环比的目的。

焦化分馏塔内洗涤焦粉的循环油将焦粉洗下来并利用塔底的过滤器除去，提高了洗涤效果，改善了油品质量；同时由于原料油不进入分馏塔内的换热高温区，避免了劣质、易结焦原料的结焦问题，也有效地降低了在较低循环比下分馏塔下部的结焦倾向。

该技术在低循环比（低于0.1）条件下，循环油性质变劣，具有很高的平均沸点，残炭、金属含量及沥青质含量有较大增加，性质不稳定，很可能缩合而生焦，影响分馏塔的操作周期。进一步降低循环比需通过将分馏塔底抽出的循环油部分或全部出装置来实现。

该流程需要增设循环油塔外换热器台位、加热炉进料缓冲罐及相应的循环油及回流泵。

（2）循环油全抽出下返塔换热流程

循环油全抽出下返塔换热流程如图 2-3-5 所示。该流程的特点是在脱过热段下部设置循环油集油箱，循环油抽出后一部分返回集油箱下与来自焦炭塔的油气进行一级洗涤换热；另一部分经过换热后分成三股，一股进原料混合器与渣油混合调整分馏塔底温度及循环比，另一股直接进循环油集油箱调整循环油抽出温度和冲洗集油箱防止结焦，还有一股返回人字挡板上部对油气进行二级洗涤换热。该流程采用循环油对反应油气两级冷凝，降低了脱过热段的结焦倾向。同时由于原料油不进入分馏塔内的换热高温区，避免了劣质、易结焦原料的结焦问题，也有效地降低了在较低循环比下分馏塔下部的结焦倾向。

（3）蜡油与反应油气塔内换热流程

如图 2-3-6 所示，减压渣油直接进入分馏塔底部，不再作为洗涤油与焦炭塔顶反应油气直接接触。换热后的蜡油回流分两路分别返回换热挡板上方和塔底，返回挡板上方的作为洗涤油与反应油气直接接触进行传质和传热，返回塔底的主要作为调节循环比和灵活控制塔底温度用。

该流程的特点是采用蜡油作为洗涤油，两级洗涤反应油气，冷凝出其中的重馏分，降低反应油气进入换热板的温度，提高洗涤效果，有效防止换热板结焦。之所以采用蜡油作为洗涤油，原因在于低（超低）循环比操作条件下，循环油性质很差，部分性质与焦化原料接近，且不稳定，易生焦；相对于可调循环比用塔底循环油作为洗涤油，采用蜡油作为洗涤油，品质好，不易结焦，可以更好地解决低循环比下的结焦问题。但对轻蜡油、重蜡油分割精度稍有影响，轻蜡油干点稍偏高。

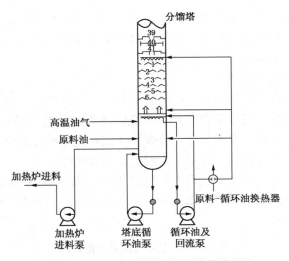

图 2-3-5 循环油全抽出下返塔换热流程

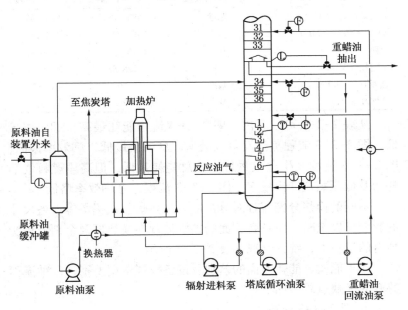

图 2-3-6 蜡油与反应油气塔内换热流程

产品分轻、重蜡油分别出装置,产品灵活性大;洗涤下来的焦粉通过塔底循环油泵和重蜡油过滤器过滤干净;循环比定值调节,适应范围大。

(4) 流程比选

根据加工原料性质、产品去向和操作条件差异,以及装置对长周期运行、安全平稳生产、节能降耗等方面越来越高的要求,经过多年实践和探索研究,分馏系统流程优化非常必要。此处仅就分馏塔下部换热、洗涤段流程优化进行比较。

以一套 2.4Mt/a 延迟焦化装置为例,以图 2-3-3 流程为基准,对比图 2-3-4、图 2-3-6 三种流程能质及能量利用情况,见表 2-3-1。

表 2-3-1 能质及能量利用对比

项　　目	图 2-3-3 流程	图 2-3-4 流程	图 2-3-6 流程
加热炉/(MJ/h)	基准	+ 14837.09	+ 6935.47
1.0MPa 蒸汽/(MJ/h)	基准	− 7709.51	− 11123.31
电耗/(MJ/h)	基准	+ 4601	+ 2036.43
总能耗/(MJ/h)	基准	+ 11728.58	− 2151.41
总㶲损/(MJ/h)	基准	+ 1.39	+ 0.55
总㶲效率/%	基准	− 0.82	− 0.33

从表 2-3-1 可以看出,图 2-3-4 流程能耗最高,㶲效率最低;图 2-3-3 流程蒸汽发生量最少,总㶲损最低,㶲效率最高;图 2-3-6 流程发生蒸汽量最大,总能耗最低,但高质燃料气消耗量及低压蒸汽产出量多于图 2-3-3 流程,总㶲效率略低。

不同的换热分馏流程对分馏塔、加热炉、汽提塔等设备尺寸的影响可以忽略,设备费方面的差别体现在换热器及个别流程所独有的设备上,统计情况如表 2-3-2 所示。

除了能质、能耗方面的差别及设备投资费用差别,三种流程特有的优缺点总结如下:

① 图 2-3-3 流程

优点:分馏塔洗涤效果好,焦粉携带量少;加热炉负荷较小，燃料气消耗少，能耗较低；换热分馏部分总㶲损低；设备费最低。

表 2-3-2　三种流程设备费比较

项　目	图 2-3-3 流程	图 2-3-4 流程	图 2-3-6 流程
换热器台数	15	23	16
换热器质量/t	368.8	632.4	453.4
其他设备	无	循环油及回流泵 2 台，加热炉进料缓冲罐 1 座	无

缺点：分馏塔下部换热板设计不当易结焦；循环比调节较困难，不适合较低循环比（低于 0.2）的操作。

② 图 2-3-4 流程

优点：分馏塔下部换热板不易结焦；容易准确调节循环比；加热炉进料泵条件缓和；单就分馏塔而言，㶲损失最小。

缺点：循环油作洗涤油的洗涤效果较差，蜡油段焦粉携带量较多；由于塔外换热，散热损失较大，燃料气消耗高；流程长，设备费高；换热分馏部分总㶲损高。

③ 图 2-3-6 流程

优点：分馏塔下部换热板不易结焦；燃料气消耗较少，能耗低；总㶲损低；设备费较低；大循环比操作时，可防止分馏塔底温度过高，减少分馏塔底结焦倾向。

缺点：蜡油作洗涤油的洗涤效果较差，蜡油段焦粉携带量较多；分馏塔下部气相负荷比图 2-3-4 流程略高。

综合分析，对于易结焦的物料，推荐采用图 2-3-4、图 2-3-6 流程；对于进料不易结焦、可大循环比操作的装置，可采用图 2-3-3、图 2-3-6 流程；对于原料性质变化大、循环比调节范围大的装置，图 2-3-4、图 2-3-6 是适宜的方案。

2.3.2　焦化气体吸收-稳定系统流程

焦化气体回收一般采用吸收-稳定流程，其任务是进行油气分离，脱硫得到焦化干气、液化石油气和焦化石脑油（汽油）。

来自焦化主分馏塔顶回流油罐的油气经过用富气压缩机压缩后，送入吸收脱吸塔回收液化石油气和石脑油。吸收脱吸塔用石脑油吸收富气中的 C_3^+ 组分。吸收脱吸塔顶的物料是 $<C_2$ 轻烃，也含少量的 C_3^+ 组分，故需要在再吸收塔中用轻油吸收 C_3^+ 组分。再吸收塔顶物料为焦化干气（$<C_2$ 轻烃），经过胺液脱硫后作为炼厂燃料气送出装置。吸收脱吸塔底的物料直接进入脱丁烷塔。塔顶的液化石油气经过用胺液脱硫后送出装置或是再用 C_3/C_4 分离塔把 C_3/C_4 组分分离开来。脱丁烷塔底部的焦化石脑油（汽油）经过冷却后直接作为产品送出装置。典型的气体回收部分工艺流程如图 2-3-7 所示。

2.3.3 密闭式放空处理-冷焦水循环利用系统流程

（1）放空系统

放空系统用于处理焦炭塔切换过程中从塔内排出的油气和蒸汽。

为控制污染和提高气体收率，延迟焦化装置设有气体放空系统，典型的密闭式放空系统流程如图 2-3-8 所示。焦炭塔生焦完毕后，开始除焦之前，需泄压并向塔内吹蒸汽，然后再注水冷却。此过程将从焦炭中汽提出来的油气、蒸汽混合物排入放空系统的放空塔下部，用经过冷却的循环油从混合气体中回收重质烃，然后送回焦化主分馏塔。放空塔顶排出的油气和蒸汽混合物经过冷凝、冷却后，在沉降分离罐内分离出污油和污水，分别送出装置。沉降分离罐分出的轻烃气体经过压缩后送入燃料气系统。

在新的焦化装置设计中，已逐步实现了对焦化污油和炼厂油浆的转化利用工作。焦化污油和炼厂油浆要得到很好的利用，必须先解决"废油"的含水、含焦粉和杂质问题，然后才可针对不同"废油"采用不同技术措施。例如对于含水量大于1%的污油和油浆，应先进入一定温度下的锥底油罐，进行脱水并沉淀出焦粉等固体杂质，然后进入放空塔进一步脱水和除去焦粉，在焦炭塔大吹汽前注入焦炭塔底掺入高温焦炭中。密闭放空系统流程见图

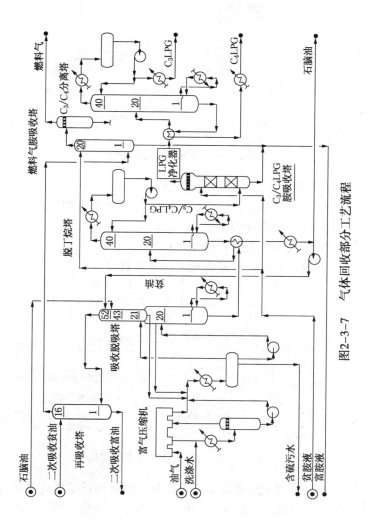

图2-3-7 气体回收部分工艺流程

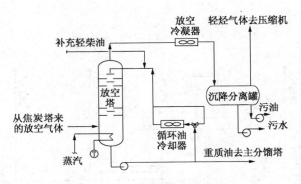

图 2-3-8 密闭放空系统流程

2-3-9，该放空工艺流程具有以下特点：

① 塔顶冷凝水可去切焦水和(或)冷焦水系统回用；

② 回收的污油可去分馏塔回用；

③ 轻烃气体可密闭利用作燃料气；

④ 可脱除焦粉，并避免凝堵设备和管线。

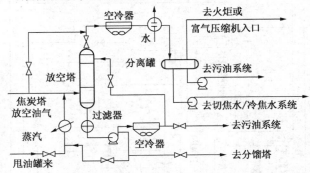

图 2-3-9 密闭放空改进系统流程

国内设计的全封闭防空系统在放空塔底增设了塔底油循环加热器和过滤设备，以保证塔釜油脱水和除去焦粉。该工艺流程具有如下特点：

① 污油可回用，降低污油排放和污染问题；

② 轻烃气可密闭利用，蜡油馏分可去分馏塔；

③ 酸性水可去切焦水或冷焦水部分回用；

④ 避免管线、塔盘堵塞；

⑤ 避免大量水分进入分馏塔造成突沸事故。

（2）冷焦水循环利用系统

焦炭塔中的焦炭等冷却过程需要经过小给汽、大给汽、小给水、大给水等几个过程。通常来说大给水过程包含了上水、充满、溢流泡焦、放水等几个步骤。冷焦水产生在溢流泡焦放水阶段。溢流及放水时从焦炭塔自流排出的冷焦水含有油和硫化物，由于其温度较高，从冷焦中挥发出来的气体恶臭难闻，不但对人体危害较大，而且严重污染周围的环境。且含有较多的焦粉，水质较差，不能直接进冷焦水泵提升，否则会堵塞管道和机泵。

国内传统的延迟焦化装置采用敞开式的冷焦水处理流程，在除油、冷却、储存的过程中，由于其整个过程都是敞开的，对周围环境污染较大。尤其是在装置加工高硫劣质原料时，冷焦水系统周围的空气污染非常严重，散发出让人窒息、难闻气味，极大地危害到操作人员的身体健康。为解决上述出现的问题，现大多数装置已改用冷焦水密闭处理系统，如图2-3-10所示。

该流程主要技术特点如下：

① 采用沉降罐进行隔油和储存冷焦水，实现系统密闭处理。从焦炭塔排出的冷焦水，先进入冷焦水缓冲罐，在冷焦水缓冲罐中实现对焦粉的初步沉降。同时使用冷焦水沉降罐和冷焦水储罐而使整个系统达到密闭。

② 采用空冷器间接冷却。传统敞开式冷焦水流程，冷焦水采用凉水塔冷却，由于冷却过程敞开通大气，在冷焦水水温较高时，水中硫化物挥发到周围大气中，对环境影响较大。采用密闭的空冷间接冷却以避免冷焦水对环境的污染。

③ 采用旋流除油除焦粉技术。冷焦水中含有一定量的油和焦粉，采用完全密闭冷却流程时，如直接进空冷器冷却，容易造成空冷器堵塞，影响冷焦水的冷却和长周期正常操作。采用旋流器技术，在冷焦水进空冷器前，先进入旋流除焦器除去冷焦水中

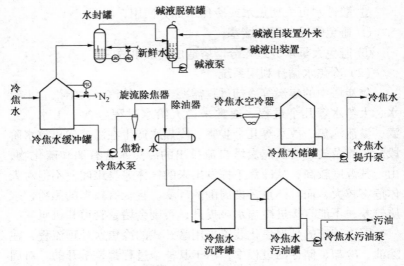

图 2-3-10　冷焦水密闭处理系统流程

的焦粉,然后再进旋流除油器,利用旋流除油器旋心分离的原理,实现冷焦水和污油的分离。旋流器处理后的冷焦水含油达到 $150 \sim 200 \mu g/g$,然后再进入空冷器进行冷却。

④ 采用碱洗系统处理罐顶的含硫化物的废气。由于从焦炭塔来的冷焦水温度较高,并含有硫化物,使得冷焦水缓冲罐和冷焦水沉降罐顶会有一部分含硫废气排出,直接影响周围的环境和人身安全,为此采用碱洗系统将气体中的硫化物进行转化、脱除,碱渣送出装置。

⑤ 污油回炼。从旋流除油器中分出的油相含有 90% 的水,需进一步沉降脱水。因此,采用沉降罐增加油水分离时间的方法进行脱水,污油送到污油罐,由污油泵打到焦炭塔或原料缓冲罐进行回炼。装置其他部分的污油也可以送到污油罐。

(3)冷焦水、切焦水合并处理流程

国外大多数炼厂的冷焦水、切焦水是合并处理的,国内某些炼厂也采用同样的流程。此流程中冷焦水和切焦水均排至焦池,经过沉降、分离、提升、过滤后进入储罐储存。冷焦水经空冷器冷却后回用，然后分别作为冷焦水和切焦水进行回用。其流程如图 2-3-11 所示。

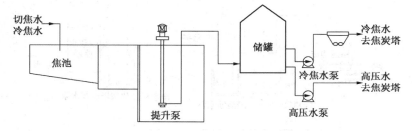

图 2-3-11　冷焦水、切焦水合并处理流程

2.3.4　延迟焦化焦炭处理系统

延迟焦化焦炭处理系统包括水力除焦系统和焦炭处理储运系统两部分。

（1）水力除焦系统

水力除焦分有井架、无井架、半井架三种，目前国内外绝大多数焦化装置采用有井架水力除焦。有井架水力除焦流程主要包括：高位水罐、高压水泵、除焦控制阀、高压球阀、高压管道及切焦水循环处理系统。除焦水从高位水罐流出，经过过滤器进入高压水泵吸入口，经高压水泵多级离心增压通过高压管道进入除焦控制阀，除焦控制阀经过回流、预充、全开三程序后高压水进入除焦器，利用提升或降低钻杆开始切焦作业。

（2）焦炭处理储运系统

① 直接装车

从焦炭塔排出的焦炭和除焦水直接落入装运焦炭的铁路货车中，除焦水和焦炭粉末从车底部流入污水池。污水由此进入澄清池从水中除去焦粉，净化后的水再循环使用。图 2-3-12 为直接装车和脱水系统的流程。

② 焦池装车

焦池装车系统流程如图 2-3-13 所示。除焦过程排出的焦炭

41

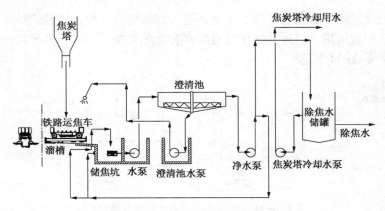

图 2-3-12　焦炭直接装车和脱水系统流程

和水经过溜槽排入一个混凝土制的储焦池中，在储焦池一侧设一个集水坑，流出的水经过一些可拆卸的篮筐（内装焦炭）把水中的焦粉收集下来。另外用循环水冲洗、搅拌集水坑内的焦粉，用泥浆泵把集水坑内的粉浆排出。最后从折流沉降出的洁净水送入除焦水缓冲罐，以便循环使用。储焦池中经过脱水的焦炭用吊车装车外运，储焦池的尺寸根据焦炭塔的个数和出焦量确定。

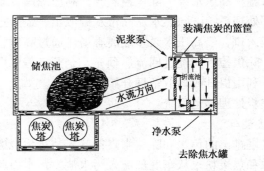

图 2-3-13　焦池装车系统流程

③ 储焦坑装车

除焦过程排出的焦炭和水直接排入地下式混凝土储焦坑中，储焦坑的一侧或两侧有除焦水排出口。在排水口之前的底层焦炭起着过滤焦粉的作用，以便把从储焦坑排出水中的大部分焦粉过滤出去。然后，水中残存的焦粉在折流池内进行最后净化。净化的水送回除焦水罐，再重复使用。储焦坑内经过脱水的焦炭用高架式抓斗起重机装车运出。储焦坑的容量根据焦炭塔的生焦能力和需要的储焦天数设计。这种装车方式为敞开式系统，操作条件较差，有扬尘污染，对环境影响严重。储焦坑装车系统流程如图2-3-14所示。

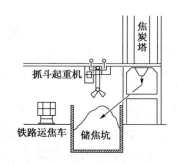

图2-3-14 储焦坑装车系统流程

④ 密闭运输系统

将储焦坑中的焦炭用桥式起重机抓放到清蔑机里粉碎成颗粒大小合适的焦块，下落到管状带式输送机内向装置外进行连续输送。由于焦炭被包裹在管带机的圆状胶带内输送，因此焦粉不会散落和飞扬，避免了装运时洒落飞扬对周边环境的影响。

第3章 延迟焦化装置的工艺条件及影响因素分析

3.1 延迟焦化装置主要工艺操作指标

工艺指标是由安全生产和生产目的决定的,是生产方案的产物,是进行生产调节的依据,同时也是安全生产的要求。实际生产中,工艺操作指标确定后,操作就按它来控制。通常,不允许随意更改工艺指标。

3.1.1 产品质量指标

产品质量指标是控制出装置产品质量的依据,它是根据产品的用途确定下来的。如果用途改变了,指标应随之调整。操作过程中要求严格控制产品质量的意义,也在于一方面保证质量,另一方面同时考虑经济效益;即既保证质量,又保证数量。

尽管焦化装置出产的汽油、柴油、液化气、干气、蜡油、石油焦都是半成品,都要经过后续装置精制才能成为产品,但为了后续装置加工方便,对汽油、柴油等还是作出相关规定,见第1章表1-5-3。

3.1.2 主要工艺操作指标

操作指标是保证装置正常生产的先决条件,某些指标超过了就会造成生产波动或事故。生产中要加强操作调节,保证生产的正常进行,而操作指标是根据实际生产经验和生产目的要求制订的,要求生产中严格执行。

3.1.2.1 原料进装置及公共系统要求

以某沿海1Mt/a延迟焦化装置为例,原料进装置及公共系统要求见表3-1-1。

表 3-1-1　原料进装置及公共系统要求

项　目	指　标
原料油进装置温度/℃	≮120
蜡油换热器壳程渣油出口温度/℃	280~310
原料油流量/(t/h)	80~150
原料油缓冲罐液面/%	40~70
封油油压/MPa	0.4~0.6
蒸汽发生器汽包压力/MPa	≮1.1
蒸汽发生器汽包液面/%	40~50
蒸汽凝结水扩容压力/MPa	0.8~1.3
封油罐液面/%	50~80
除氧器液面/%	40~70
冷焦水储水罐液面/%	≮30
切焦水储水罐液面/%	≮30

3.1.2.2 焦炭塔

焦炭塔工艺操作指标见表 3-1-2。

表 3-1-2　焦炭塔工艺操作指标

项　目	指　标
焦炭塔塔顶温度/℃	390~430
焦炭塔塔顶冷焦后温度/℃	≮90
焦炭塔塔底冷焦后温度/℃	≮80
焦炭塔塔底预热后温度/℃	≮320
焦炭塔急冷油量/(t/h)	10~18
小吹汽量/(t/h)	2~5
大吹汽量/(t/h)	10~18
焦炭塔顶压力/MPa	≮0.25
小吹汽时间/h	1.5
大吹汽时间/h	3

3.1.2.3 分馏塔

分馏塔工艺操作指标见表 3-1-3。

表 3-1-3　分馏塔工艺操作指标

项　目	指　标
分馏塔塔顶温度/℃	100～145
分馏塔柴油集油箱抽出温度/℃	210～270
柴油回流至分馏塔温度/℃	≮60
分馏塔中段回流油抽出温度/℃	300～330
蜡油蒸汽发生器出口温度/℃	240～260
分馏塔蜡油集油箱抽出温度/℃	335～380
轻蜡油蒸汽发生器出口温度/℃	210～230
分馏塔重蜡油集油箱抽出温度/℃	390～410
分馏塔蒸发段温度/℃	350～420
分馏塔油气进口温度/℃	395～420
分馏塔塔底温度/℃	310～360
分馏塔塔顶循环油量/(t/h)	55～70
分馏塔柴油回流量/(t/h)	46.5～80
分馏塔中段油回流量/(t/h)	60～85
分馏塔重蜡油回流量/(t/h)	20～32
分馏塔底循环油回流量(上)/(t/h)	40～50
分馏塔底循环油回流量(下)/(t/h)	8～12
分馏塔气液分离罐压力/ MPa	0.07～0.1
分馏塔塔顶压力/ MPa	0.13～0.17
分馏塔柴油集油箱液面/%	30～70
分馏塔蜡油集油箱液面/%	30～70
分馏塔塔底液面/%	40～70
分馏塔气液分离罐油液面/%	15～35
分馏塔气液分离罐油水界面/%	20～35

3.1.2.4　加热炉

加热炉工艺操作指标见表 3-1-4。

表 3-1-4　加热炉工艺操作指标

项　目	指　标
加热炉辐射出口温度/℃	495～505
炉膛温度/℃	≮800
炉管壁温/℃	≮650
蒸汽进炉温度/℃	≮190

项　目	指　标
过热蒸汽出炉温度/℃	220~250
加热炉分支进料流量/(t/h)	30~45
炉对流进口注水量/(kg/h)	120~200
炉辐射进口注水量/(kg/h)	150~360
炉辐射管第六根注水量/(kg/h)	150~250
3.5MPa蒸汽流量/(t/h)	5~8
燃料气压力/MPa	0.1~0.2
炉膛负压/Pa	-40~-10
加热炉进料压力/MPa	≯2.5

3.1.2.5　放空塔

放空塔工艺操作指标见表3-1-5。

表3-1-5　放空塔工艺操作指标

项　目	指　标
放空塔塔顶温度/℃	≯200
放空塔底油及甩油冷却器正常生产时出口温度/℃	≯100
放空塔底油及甩油冷却器开停工时出口温度/℃	≯150
放空塔底油及甩油冷却器出口温度/℃	≯45
放空塔塔底液面/%	40~70
放空塔塔顶气液分离罐油液面/%	20~40
放空塔塔顶气液分离罐油水界面/%	20~40

3.1.2.6　吸收稳定系统

吸收稳定系统控制参数见表3-1-6。

表3-1-6　吸收稳定系统工艺操作指标

项　目	指　标
吸收塔中段回流量/(t/h)	18~30
吸收塔塔顶吸收柴油流量/(t/h)	18~30
吸收塔塔顶压力/MPa	≯1.2
吸收塔塔底液面/%	35~60
焦化富气分液罐液面/%	≯20
焦化富气分液罐油水界面/%	15~35
稳定塔塔顶温度/℃	60~80

项　　目	指　标
稳定塔塔底重沸器回流温度/℃	190~210
稳定塔塔顶回流量/(t/h)	2~3
稳定塔塔顶压力/MPa	≥1.3
稳定塔塔顶回流罐压力/MPa	≥1.2
稳定塔塔底液面/%	40~70
稳定塔塔顶回流罐液面/%	20~40

3.1.2.7　气压机组

气压机主要控制参数见表 3-1-7。

表 3-1-7　气压机主要控制参数

项　　目	指　标
气压机一段入口压力/MPa	0.045
气压机二段出口压力/MPa	1.30
气压机一段入口温度/℃	<40
气压机二段入口温度/℃	<45
气压机二段出口温度/℃	≥125
汽轮机蒸汽入口压力/MPa	3.23~3.63
汽轮机蒸汽出口压力/MPa	0.88~1.08
汽轮机蒸汽入口温度/℃	390~410
润滑油压力/MPa	0.25
调节油压力/MPa	>0.65
冷却器后润滑油温度/℃	40~45
密封器过滤器差压/kPa	<70
密封气供气压力/MPa	0.5~0.8
前置密封罐子与主密封气差压/MPa	>0.3
润滑油过滤器差压/MPa	<0.15
调节油过滤器差压/MPa	<0.15
轴承温度/℃	<95
机组振动/mm	<0.06
气压机轴位移/mm	<0.5

3.2　延迟焦化的影响因素分析

延迟焦化的影响因素主要有原料性质、工艺操作条件。

3.2.1　延迟焦化的原料性质

常规延迟焦化原料是减压渣油。由于延迟焦化是一种热加工过程，因此原料的多样性是其重要的特点和优点之一。对于延迟焦化而言，加工各种高硫含量、高酸值的减压渣油都不应该成为问题。此外，从各种炼油工艺和石化工艺产出的重质料也都可以成为焦化的原料，例如，各种三废处理得到的废油、废渣，催化裂化油浆、润滑油精制抽出油、丙烷脱沥青得到的硬沥青，乙烯裂解得到的乙烯焦油等均可能成为其加工对象。

原料性质是影响装置设计和生产方案的主要因素，主要包括原料的特性因数、原油的脱盐程度、减压蒸馏拔出率、残炭、四组分含量、含硫量、酸值和金属含量等。

（1）常规减压渣油

焦化原料性质极大地影响到焦化产品收率的分布。传统观点认为，延迟焦化是一个单纯的热裂解问题。常用焦化原料油密度去关联焦化产品分布（见图3-2-1）及安排生产方案。

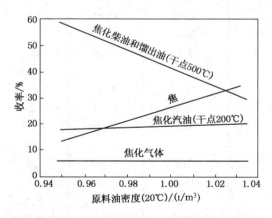

图3-2-1　焦化产品收率与原料油密度的关系（压力 0.17 MPa）

现在研究发现，渣油中的高金属含量对渣油裂解有一定的催化影响，因此采用更多的物性参数（残炭、沥青质含量、金属含量等）去关联预测焦化产品收率和考虑生产方案。

（2）高酸、高稠、高金属含量、高沥青质、高残炭的劣质原油

劣质原油的减压渣油性质更为差劣，如国内的辽河稠油、塔河原油、克拉玛依凤城稠油，以国外的苏丹六区稠油、索鲁士原油、哈马卡原油、卡斯提拉原油等，其减压渣油密度大、高酸值、高黏稠、高金属含量、高残炭，轻组分含量低，除了液收率低、生焦量高之外，在高温高油气线速焦炭塔环境里容易生成弹丸焦。生成弹丸焦的几种典型原料性质见表3-2-1。制定生产方案时应根据此类原料确定合适的操作条件，如适当稍高的循环比，较低的炉出口温度等。在冷焦、除焦阶段也应制定相应的措施，防止发生事故。

表 3-2-1　生成弹丸焦的典型原料性质

项目	索鲁士-伊朗混渣	哈马卡渣油	索鲁士混渣	卡斯提拉
密度(20℃)/(g/cm³)	1.0462	1.0526	0.9880	
酸值/(mgKOH/g)	0.0815	0.146		
硫含量/%	4.987	4.282	3.78	2.9
氮含量/(μg/g)	6839	9109		
残炭/%	24.86	26.18	22.1	25.8
灰分/%	0.078	0.171	0.059	0.18
Fe/(μg/g)	30.5	29.6	27	
Ni/(μg/g)	91.5	191.2	124	162
Cu/(μg/g)	285	0.01		
V/(μg/g)		818.6	267	588
Ca/(μg/g)	7.60	6.08	28	
Na/(μg/g)	40.8	7.21	5	
饱和烃/%	8.43	4.02	29.11	
芳烃/%	44.30	44.38	39.01	
胶质/%	31.15	35.26	17.24	23.14
沥青质/%	16.12	16.34	14.64	25.84

相同原料生成的弹丸焦与海绵焦性质见表3-2-2。

表 3-2-2　弹丸焦与海绵焦性质对比

项　　目	弹丸焦	海绵焦
挥发分/%	9.6	10.2
表观密度/(g/cm³)	1.83	1.79
孔容/(mm³/g)		
100~15μm	7	19
15~0.1μm	26	48
0.1~0.014μm	10	16
100~0.014μm	43	83
硫含量/%	1.9	2.0
Fe/(μg/g)	470	410
Si/(μg/g)	60	60
V/(μg/g)	540	530
Ni/(μg/g)	200	190
Ca/(μg/g)	130	100
Na/(μg/g)	120	100
硬度	27	70

除改善焦化原料性质外，生产过程中操作条件适当调节也可起到抑制弹丸焦生成的作用。但国外普遍认为，生成弹丸焦的条件是装置生产最经济的运行条件，不应刻意避免弹丸焦的生成，而应通过安全设计和规范操作来保证安全生产。

3.2.2　延迟焦化主要工艺条件

延迟焦化的主要操作参数包括焦炭塔塔顶压力、加热炉出口温度和联合循环比等，生产普通石油焦的延迟焦化主要条件见表 3-2-3。

表 3-2-3　延迟焦化生产普通焦的主要操作条件

主要操作条件	常规指标	FW 公司
加热炉出口温度/℃	495~505	468~524
焦炭塔塔顶温度/℃	400~420	
分馏塔塔顶温度/℃	110~120	
分馏塔塔底温度/℃	330~360	
焦炭塔塔顶压力/MPa	0.15~0.17	0.103~0.137
联合循环比	1.2~1.5	1.05~1.20

（1）反应压力

一般用焦炭塔塔顶压力来代表反应压力。压力对焦化产品分布是有一定影响的，压力增高，反应深度加大，气体和焦炭收率增加，液体收率下降，焦炭中挥发分含量也增加。现代延迟焦化在保证克服下游系统阻力的前提下，尽可能采用较低的反应压力。20 世纪 80 年代设计的焦炭塔压力为 0.172~0.206 MPa，目前则为 0.103~0.137 MPa。表 3-2-4 列出了操作压力对产品产率分布的影响，图 3-2-2 是压力对焦化馏出油收率的影响。在压力 0.103 MPa、联合循环比 1.15 时，焦化蜡油（CGO）收率可以达到 35.2%，比常规高出 10% 左右。

表 3-2-4　延迟焦化装置的操作压力对产品收率的影响

焦化原料	威尔明顿原油	
实沸点（TBP）切割温度/℃	552	
相对密度（$d_{15.6}^{15.6}$）	1.0536	
康氏残炭/%	20.6	
硫含量/%	2.4	
焦炭塔操作压力/MPa	0.1055	0.2461
产品收率		
干气和 LPG/%	16.1	16.5
焦化汽油/%	12.0	12.4
相对密度（$d_{15.6}^{15.6}$）	0.7936	0.7923
硫含量/%	1.4	1.3
焦化瓦斯油/%	37.3	33.2
相对密度（$d_{15.6}^{15.6}$）	0.9402	0.9352
硫含量/%	1.8	1.8
焦炭/%	34.6	37.8
硫含量/%	2.4	2.4

（2）反应温度

一般是指焦化加热炉出口温度或焦炭塔温度，是延迟焦化装

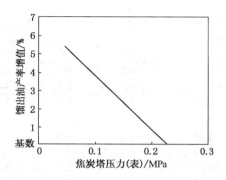

图 3-2-2　焦炭塔压力对焦化馏出油收率的影响

置的重要操作指标，它的变化直接影响到炉管内和焦炭塔内的反应深度，从而影响到焦化产物的产率和性质。当操作压力和循环比固定后，提高焦炭塔温度将使气体和石脑油收率增加，瓦斯油收率降低。焦炭产率将下降，并将使焦炭中挥发分下降。但是，焦炭塔温度过高，容易造成泡沫夹带并使焦炭硬度增大，造成除焦困难。温度过高还会使加热炉炉管和转油线的结焦倾向增大，影响操作周期。如焦炭塔温度过低，则焦化反应不完全并生成软焦或沥青。

　　挥发分含量是焦炭的重要质量指标，生产中一般控制焦炭的挥发分为 6.0% ~ 8.0%。在操作中用焦炭塔温度来控制焦炭的挥发分含量，但是，焦化装置操作温度的可调节范围很窄。我国的延迟焦化装置加热炉出口温度一般均控制在 495 ~ 505℃ 范围之内。

　　加热炉出口温度对焦化产品产率的影响见表 3-2-5。

表 3-2-5　加热炉出口温度对焦化产品产率的影响

项　　目	加热炉出口温度/℃			
	493	495	497	500
处理量/(t/h)	859	810	803	875
循环比	0.80	0.91	0.95	0.72

项　目		加热炉出口温度/℃			
		493	495	497	500
焦炭塔进口温度/℃		482	484	487	492
焦炭塔出口温度/℃		432	435	440	440
产品产率/%	气体	6.4	7.5	7.7	8.1
	汽油	15.9	16.8	17.0	17.0
	柴油	26.2	28.8	20.2	30.2
	蜡油	20.1	17.8	17.5	16.4
	抽出油	3.1	3.1	3.2	3.0
	焦炭	26.4	25.6	24.9	24.8
	损失	0.4	0.4	0.5	0.5

（3）循环比

循环比=循环油/新鲜原料油。

联合循环比=（新鲜原料油量+循环油量）/ 新鲜原料油量=1+循环比。

在生产过程中，循环油并不单独存在。在分馏塔下部脱过热段，因反应油气温度的降低，重组分油从汽相转入液相，冷凝后进入塔底，这部分油就称循环油，它与原料油在塔底混合后一起送入加热炉的辐射管，而新鲜原料油则进入对流管中预热。因此，在生产实际中，循环油流量可由辐射管进料量与对流管进料流量之差来求得。对于较重的、易结焦的原料，由于单程裂化深度受到限制，就要采用较大的循环比，有时达1.0左右；对于一般原料，循环比为0.1~0.5。循环比增大，可使焦化汽油、柴油收率增加，焦化蜡油收率减少，焦炭和焦化气体的收率增加。图3-2-3为联合循环比对大庆减压渣油焦化产品收率的影响，图3-2-4为联合循环比对液体产品收率、蜡油干点的影响。

我国开发了单程操作延迟焦化，进行了循环比为0的试验，按此思路进行工业改进的零循环比操作流程见图3-2-5。表3-2-6比较了有循环比和单程操作对延迟焦化收率的影响。

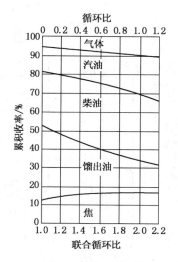

图 3-2-3 联合循环比对产品收率的影响

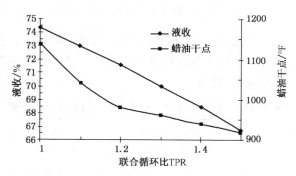

图 3-2-4 联合循环比对液体产品收率、蜡油干点的影响

由该表中数据可看出，与高循环比的操作相比较，单程操作的液体收率可提高 5%~6%，气体和焦炭收率均可下降 2%~4%。

降低循环比也是延迟焦化工艺发展趋向之一，其目的是通过增产焦化蜡油来扩大催化裂化、加氢裂化的原料油量。然后，通过加大裂化装置处理量来提高成品汽、柴油的产量。另外，在加热炉能力确定的情况下，低循环比还可以增加装置的处理能力。

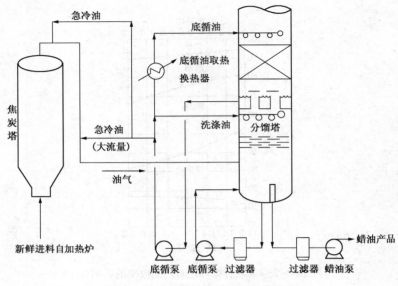

图 3-2-5　改进的零循环比操作流程

降低循环比的办法是减少分馏塔下部重瓦斯油回流量，提高蒸发段和塔底温度。这将引起塔底和炉管结焦，开工周期缩短，因此塔底温度不宜超过 400℃。

表 3-2-6　有循环比和单程操作的延迟焦化收率比较

原料油	大庆减压渣油		胜利减压渣油		管输减压渣油		辽河减压渣油	
操作方式	循环	单程	循环	单程	循环	单程	循环	单程
操作条件								
加热炉出口温度/℃	500	500	500	500	500	500	500	500
焦炭塔顶压力/MPa	0.11	0.11	0.12	0.11	0.11	0.11	0.11	0.11
循环比	0.3	0.0	0.45	0.0	0.43	0.0	0.43	0.0
产品收率/%								
$<C_4$气体+损失	8.3	5.0	6.8	5.7	8.3	5.9	9.9	8.8
焦化汽油	15.7	12.9	14.7	12.1	15.9	13.6	15.0	12.4
焦化柴油	36.3	30.1	35.6	25.3	32.3	24.4	25.3	22.5

原料油	大庆减压渣油		胜利减压渣油		管输减压渣油		辽河减压渣油	
焦化蜡油	25.7	40.0	19.0	37.0	20.7	37.2	25.2	34.9
焦炭	14.0	12.0	23.9	19.9	22.8	18.9	24.6	21.4
轻油收率/%	52.0	43.0	50.3	37.4	48.2	38.0	40.3	34.9
总液收率/%	77.7	83.0	69.3	74.4	68.9	75.2	65.5	69.8
比较：液体收率	+5.3		+5.1		+6.3		+4.3	
焦炭收率	−2.0		−4.0		−3.9		−3.2	

循环比降低后，可以降低焦炭产率和提高液体产品收率，但焦化蜡油的质量也相应下降。表3-2-7为在低压、超低循环比的条件下，焦化蜡油产率和质量的对比。

表 3-2-7　不同操作条件下的焦化蜡油产率和质量

操作条件	压力 0.172MPa，循环比 0.15	压力 0.104MPa，循环比 0.05
焦化蜡油产率/%	25.7	35.2
焦化蜡油性质		
终馏点/℃	493	571
相对密度	0.9365	0.9574
残炭/%	0.35	0.8~1.0
（镍+钒）含量/（μg/g）	0.5	1.0

在讨论焦化循环比时应指出，新设计的焦化不仅可以采用低反应压力，超低循环比等工艺条件，而且可采用馏分油循环技术。这一技术是由 Conoco/Bechtel Alliance 联合开发的，可延长加热炉运行周期，降低焦炭收率和增加液体收率。装置由此可以增加的经济效益大致如下：

液体收率增加 2.0%~2.5%；

焦炭产率下降 2.5%~3.5%；

经济效益 800 万美元/a（按 2.0Mt/a 装置能力计算），详细比较见表3-2-8。

表 3-2-8　延迟焦化馏分油循环情况对比

设计工况	基本工况	1	2	3	4
自然循环比/%(体)	10	0	0	0	0
馏分油循环	0	10	20	10	20
馏分油 TBP 的终馏点/℃		168	343	343	427
产品产率/%					
C_4 以下	9. 12	9. 85	10. 4	9. 59	10. 08
C_5~168℃	11. 31	11. 31	11. 64	11. 28	11. 6
168~343℃	22. 05	17. 56	16. 26	22. 27	23. 25
343℃以上	25	31. 86	32. 89	27. 1	25. 6
焦炭	32. 37	29. 34	28. 81	29. 76	29. 47
2.0Mt/a 炼厂增加收入/(百万美元/a)	0	8. 1	9. 65	7. 62	8. 6

第4章 延迟焦化装置主要
设备及操作管理

延迟焦化装置的主要设备有加热炉、焦炭塔、分馏塔、气压机、汽轮机等。由于其功能作用的不同，因此在结构及使用方面有着各自的特点。

4.1 加热炉

4.1.1 加热炉的作用、类型及构造

4.1.1.1 加热炉的作用

（1）加热炉的作用

加热炉是延迟焦化装置的重要设备，它在整个装置的总投资中占着很大的比例。它的作用是将油品加热，使油品在焦炭塔里进行反应有足够的热量。

为满足生产的需要，由于延迟焦化工艺条件的特殊，对加热炉有苛刻的要求：热传递速度快；高的原料油流速或者油品在炉管内停留时间短；压力降小；炉膛的热分配合理，表面热强度均匀等。

（2）热量的传递

加热炉的热量来源是燃料的燃烧，燃料一般用燃料气（瓦斯）或重质油（焦化原料渣油）。当燃料在炉膛里燃烧时，产生1100℃以上的高温烟气。高温烟气主要以辐射传热方式将大量的热量传递给辐射室的炉管，被油品带走。炉墙吸收的热量，除少数被散热损失外，由于温度高，也主要以辐射方式传递给炉管。炉膛里的传热方式，90%以上为辐射传热，所以叫辐射室。

烟气在辐射室内给出热量以后，温度降到约700~950℃，借助烟囱的抽力，继续上升到对流室。在对流室里，炉管是采用紧

59

密的交叉排列，管内物料与管外烟气换热，烟气是以强制对流方式将热量传递给对流炉管内的油品的。

烟气经过辐射、对流、过热蒸汽及注水预热炉管表面后，然后约在200~250℃通过烟道烟囱排入空中。

这么高温度的烟气排空，要带走大量的热量，烟气的温度越高，带走的热量就越多，加热炉的热效率就越低。所以，如何减少热损失，提高加热炉的效率，对于炉型选用和设计、生产操作与管理都应该引起重视。

4.1.1.2　加热炉的类型

（1）卧管立式加热炉

卧管立式加热炉是焦化装置用得最多的一种炉型，对延迟焦化装置简称立式炉，结构如图4-1-1所示。

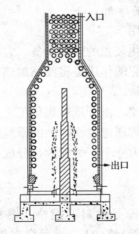

图4-1-1　卧管立式加热炉结构

立式炉的炉膛为长方形，辐射炉管排列在靠近炉墙的两侧，火嘴等距离地分布在炉底中心线的两侧，为了提高辐射能力及避免两侧火焰互相干扰，还在炉底中心线上（即两排火嘴之间）用耐火砖砌有一道高1.3~1.5m的花墙。

从图4-1-1可看出，物料在立式炉辐射室的流向都是上进下出，然后集合在一起去焦炭塔。从外表看，这种流程不够经济合理，既耗费钢材，又消耗动力。但是，仔细分析一下却不然。从炉膛燃烧热量分配角度看，立式炉火嘴虽在下面，但高温烟气却在上面大量传热，下面是以辐射炉墙传热为主。换句话说，就是辐射室的上部热量大，下部热量少。从热传递的道理讲，是希望温度较低的油品首先在高温区吸热较好。由于温度差大（热传递的推动力大），在相同流量和时间内油品所获得的热量就多，热利用也就好。据上述分析可知，这种流程的好处是：

①上进下出的流向可以保证油品在单位时间里取得最多的热量，满足焦化工艺过程中对加热炉传递速度的要求。

②上进下出的流向，可以保证油品在高速状态下经过临界反应区，单吸热而少发生反应，避免加热炉出口几根炉管和转油线结焦。生产实践证明，第七根至炉出口到转油线这一段结焦很薄，有时还不结焦。

立式炉设计在我国已系列化，根据热负荷的大小有 800、1000、1200GJ/h 等多种，由于立式炉具有供热能力大、操作方便、容易调节、金属耗量少、占地面积小、投资少等优点，发展很快，应用较广。立式炉设计参数见表 4-1-1。

（2）无焰板式燃烧炉

无焰板式燃烧炉简称无焰炉，结构如图 4-1-2 所示。

由图 4-1-2 可知，火嘴排在两边构成炉墙，气体燃料通过喷嘴在 26400 个小孔里燃烧，形成极短的火焰，把火嘴砖加热烧红，从而炉墙就成了两个均匀的发热面，达到理想的传热效果。

我国第一座大型无焰炉于 1964 年在大庆石油化工总厂建设投产，其他炼油厂也相继建成和投产。实践证明，无焰炉结构简单、省钢材、占地面积小、效率高、无噪音、操作方便、调节灵活。

立式管式加热炉及无焰炉的炉管排列及油品流向，各套装置不一样，见图 4-1-3 至图 4-1-5，但总的指导思想都是从传热、热分配均匀、增加炉管表面热强度、减少结焦角度出发。

表4-1-1 立式炉原设计参数

名称	序号 1				序号 2			
	辐射	对流	注水	过热蒸汽	辐射	对流	注水	过热蒸汽
介质	渣油	渣油	软化水	蒸汽	渣油	渣油	软化水	蒸汽
进口温度/℃	390/5	230/10	60/25	120/2	390/25	230/10	90/28	150/10
出口压力/MPa	510/5	370/4	250/25	220/2	510/5	370/4	250/25	220/10
炉管尺寸（外径×壁厚×有效长度）/mm	φ102×10 ×11480	φ102×10 ×11480	φ60×4 ×11480	φ102×8 ×11480	φ127×10 ×11480	φ127×8 ×11480	φ60×6 ×11480	φ127×8 ×11480
炉管数/根	76	152	112	10	72	96	56	8
炉管面积/m²					330	440	120	36
炉管材质	Cr5Mo	10 号	10 号	10 号	Cr5Mo	10 号	10 号	10 号
加热炉公称能力/(MJ/h)	66944				60777			
效率/%	77.2							
炉膛温度/℃	880							
冷油流速/(m/s)	1.53	1.1						
烟囱（内径×高）/mm	φ1650×1590							

62

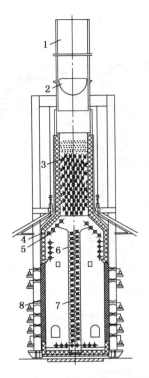

图 4-1-2　无焰板式燃烧炉(无焰炉)结构
1—烟囱；2—烟囱挡板；3—对流管；4—炉墙；5—吊架；
6—花板；7—辐射管；8—无焰燃烧器

（3）双面辐射卧管立式炉

双面辐射卧管立式炉分单室双管程和单室单管程立式炉两种。

① 单室双管程双面辐射卧管立式炉

2000 年后，国内建设的延迟焦化加热炉多为单室双管程双面辐射卧管立式炉，如图 4-1-6 所示。根据工艺流程的要求，这种炉通常加热两种不同的介质——焦化油、蒸汽或软化水。其中蒸汽或软化水盘管布置在对流室的最上部，焦化油盘管布置在

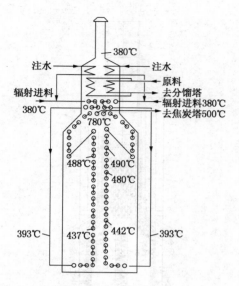

图 4-1-3　炉管排列(一)

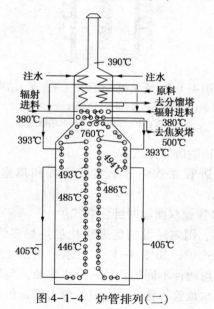

图 4-1-4　炉管排列(二)

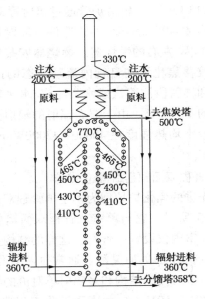

图 4-1-5　炉管排列（三）

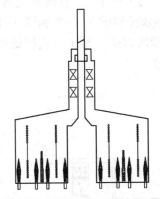

图 4-1-6　单室双管程双面辐射焦化炉简图

对流室到辐射室。通常为双辐射双对流结构，每个辐射室内设置两管程，对应较大装置处理量也有三个辐射对应三个对流室的结构。单管程设计处理能力 0.25～0.35Mt/a。焦化油盘管多采用

ASTM A335/A213 P9/T9，辐射炉管通过辐射管架布置在炉膛中，辐射管架材质为 ZG40Cr25Ni20 的铸造件。辐射盘管两侧设置两排发热量为 0.4MW 左右的燃烧器。燃烧器安装在加热炉底部垂直向上燃烧。改善焦化油在盘管内流动状态的措施是在对流入口、辐射入口和辐射段注蒸汽或水，注汽/水量较传统值小，为管内介质流量的 1%~3%。由于双面辐射的辐射强度沿周向不均匀系数小，一般平均热强度在 40000~42000W/m²，最大控制在 48000W/m² 以下。

② 单室单管程双面辐射卧管立式炉

国际上较先进的焦化炉炉型为单室单管程双面辐射卧管立式炉，如图 4-1-7 所示。它与单室双管程双面辐射卧管立式炉的区别是每个辐射室内仅设置一管程，这样的结构有利于实现在线清焦操作，生产操作也更加灵活。通常每两管程设置一个对流室，也有多辐射多对流的结构和多辐射单对流的结构。单管程设计处理能力 0.30~0.50Mt/a。由中国石化工程建设公司（SEI）为主，联合中国石油大学（华东）、中国石化济南分公司开发的高效强适应性阶梯焦化炉（如图 4-1-8 和图 4-1-9 所示），为单室单管程双面辐射卧管阶梯炉，经工业应用证明，其性能达到国际同类加热炉的先进水平。

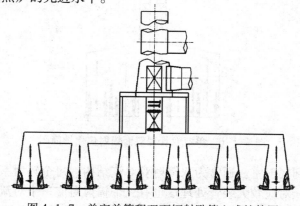

图 4-1-7　单室单管程双面辐射卧管立式炉简图

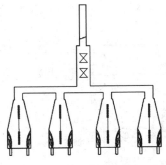

图 4-1-8　大型新型双面　　　图 4-1-9　运行中的炉膛燃烧实况
辐射焦化炉简图

4.1.1.3　加热炉的构造

炼油厂的加热炉型式很多，结构也不一样。但是一个完整的加热炉，不管形式如何，大致都由以下部分组成。

（1）辐射室

辐射室也称为炉膛，这是燃料燃烧和辐射放热（或油品吸热）的地方，辐射室排列着供油品加热用的炉管，炉管的编号顺序一般都是从下向上编排，即最下面的一根为第一根。炉管两端由管板和固定吊挂支撑，管板、吊挂因炉型结构不同而不同。

（2）对流室

对流室也称对流段，是高温烟气对流放热（或油品吸热）的地方。立式炉和无焰炉都把对流室放在辐射室的顶上，对流室排列着供油品加热的对流炉管，对热蒸汽管和注水预热管，靠各式管板固定在对流室内。

炉体从外表看，对流室比辐射室体积小得多。但是，内部排列着密密麻麻的炉管，目的是强化对流传热，降低烟气温度，提高炉的热效率。

（3）燃烧器

燃烧器也称火嘴，是加热炉提供热量的部件，各种气体（或液体）燃料通过各式火嘴来燃烧发热。火嘴是根据炉型、燃料种

类和每个火嘴提供热量的多少而选择的。如图 4-1-10 至图
4-1-12所示。

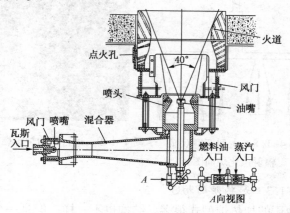

图 4-1-10　立式炉油气联合火嘴

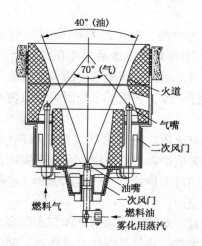

图 4-1-11　立式炉油气联合火嘴

（4）烟道及烟囱

烟道和烟囱是加热炉烟气集合和排放的地方，立式炉和无焰
炉的烟道烟囱均放在对流室的上面。烟囱的粗细和高度是根据烟

68

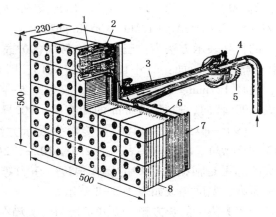

图 4-1-12 无焰炉火嘴

1—燃烧孔道；2—分配管；3—混合管；4—喷头；
5—风门；6—隔热层；7—外壳；8—炉墙

气量和烟气阻力来设计的。

（5）弯头及弯头箱

每根炉管之间是靠弯头连结的，目的为了换管和检修方便。根据炉管尺寸、材质、流向以及生产条件选择合适的弯头型号规格，一般焦化加热炉的辐射炉管回弯头是 25 级的，材质是铬钼合金，如图 4-1-13 所示。

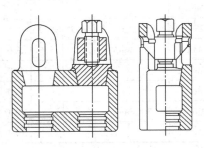

图 4-1-13　回弯头

回弯头系列中按压力分为 2.5MPa、6.5MPa、10.0MPa 三种等级，通径有 60、89、102、114、127、152、219mm 七种，壳体材质有 ZG25、30CrMoA、Cr2Mo、Cr5Mo 四种。

回弯头的代号表示方法为：压力等级-转向（90°或 180°）-通径-管心距-侧管规格。如：2.5-180°-φ127-215，即是 2.5 级、180°转向、通径 127mm、管心距 215mm。又如 6.5-90°-φ102，即是 6.5 级、90°转向、通径 102mm 的回弯头。90°异径弯头表示方法为 2.5-90°-φ152/127，180°焊接弯头表示方法为 2.5-180°-φ102-203（焊）。四联弯头表示为 2.5-φ102-172（四联）。

回弯头的选用是根据加热炉的操作温度、压力等级标准而定。回弯头压力、温度等级如表 4-1-2 所示。

弯头箱是弯头集中的长方箱，立式炉辐射弯头箱在两侧，无焰炉弯头箱在中间，目的是为了检修拆卸弯头方便。

表 4-1-2　回弯头压力、温度等级

公称压力 P_y	回弯头和堵头材质	压紧螺栓支承架的材质	介质工作温度/℃					
			410	450	475	500	525	550
			操作压力/MPa					
2.5	ZG25	35Cr	2.5	2.0	1.4			
	30CrMoA	30CrMoA			3.5	2.5		
	Cr2Mo				3.8	2.5	1.6	
	Cr5Mo				3.8	2.5	1.6	
6.5	ZG25	35Cr	6.5	5.0	3.5			
	30CrMoA	30CrMoA		6.5	5.0	4.0		
	Cr2Mo			7.0	5.5	4.0	2.8	
	Cr5Mo			7.0	5.5	4.0	2.8	
6.5	Cr2Mo	30CrMoA		10.0	8.0	6.0	4.0	
	Cr5Mo			10.0	8.0	6.0	4.0	

（6）炉墙和钢架

钢架固定在基础上，构成炉体的主要框架，炉体的一切重量完全通过钢架支撑在基础上，除炉管外钢架是加热炉耗钢较多部分，所以，合理选择炉型是节约投资的关键。炉墙是用耐火保温材料(砖)砌挂在钢架上的，它有保温密封的作用。加热炉的热量损失大小与炉墙的砌筑质量关系很大。一般要求炉墙严密保温性能好，热损失不大于 5% 为佳。

（7）辅助设备

加热炉除上述主要组成部分外，还有确保安全以及供操作检修方便的一些辅助设备，如防爆孔、看火孔、爬梯、平台、烟道挡板及调节手柄等。

4.1.2 加热炉的操作

4.1.2.1 烘炉

凡是新建加热炉或炉膛经过大修、翻新、改造的，在开工前都要进行烘炉。

（1）烘炉的目的

① 烘炉是通过对炉膛缓慢的升温，将炉耐火砖、衬里及耐火水泥内的水分及烟道系统内水分慢慢蒸发、脱掉，以免在温度急剧上升时，水分大量蒸发汽化而体积膨胀，使炉体或衬里产生裂纹与变形；

② 启用炉子仪表、计算机控制系统、机械系统、燃料系统、蒸汽、风系统，以便暴露问题及时处理；

③ 逐渐熟悉和掌握加热炉操作性能，进行技术练兵；

④ 对风机及空气预热器进行试运，考验热量回收系统是否符合要求，检查引风机和鼓风机的联锁灵敏性，检查集合烟道上的闸板阀、自然通风门的使用性能，同时对空气预热器及附属系统进行考验；

⑤ 考验各位置火嘴的使用性能以及多火嘴条件下的使用效果；

⑥ 校对每路控制阀和加热炉入口流量，出口温度及空气预热器各测温、测压点，校对烟气含量分析器。

（2）烘炉的操作

事先应当做好烘炉的准备，对炉体应做全面的检查，包括：

对施工质量进行验收；检查炉墙砌筑（砖缝、烟道、膨胀缝）情况；检查炉墙及保护层的质量如何；检查炉管、回弯头、堵头、顶丝、花板、吊板、防爆门、看火孔及火嘴安装情况；准备好燃料油或瓦斯的供应工作；准备好点火工具及消防安全器材；炉管及管线贯通完毕。

完成以上几项工作后，然后按烘炉升温时间表（表4-1-3）或升温曲线（图4-1-14）一步步地进行。

表4-1-3 烘炉升温时间表

序号	炉膛		
	升温速度/(℃/h)	时间/h	温度/℃
1	7~8	24	150
2	0	24	150 恒温
3	7	24	320
4	0	24	320 恒温
5	7~8	24	500
6	0	24	500 恒温
7	-20	24	150
总时数		168	

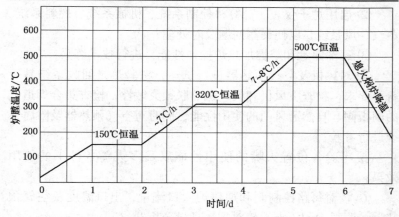

图4-1-14 烘炉升温曲线

烘炉过程中要严格执行升温曲线，防止超温超压，要严格控

72

制每个阶段的升温和降温速度，在降温过程中要做好焖炉，烘炉结束后要认真检查耐火胶泥有无裂纹、脱落，炉管管架有无变形，基础是否下沉等。如有损坏应及时分析原因并加以修补。

4.1.2.2 点火

加热炉的点火是开炉生产的第一步，点火前后准备工作很重要。

（1）准备工作

① 关好人孔、防爆门、回弯头箱门，根据平常开炉经验和季节气候变化调好烟道挡板，约开一半为宜。

② 引瓦斯赶空气，采样分析含氧量小于1%，否则点火易回火，甚至爆炸伤人，损坏设备。

③ 如果用燃料油，可事先加热至80~90℃，脱干净水，并启动燃料油泵循环，在寒冷的北方要特别注意燃料油的伴热线保持畅通。

④ 炉管通汽扫净，准备进油。

（2）点火方法

加热炉点火不同于平时点火那么简单，要遵守一定的操作方法和点火步骤：

① 向炉膛吹蒸汽赶瓦斯。向炉膛吹蒸汽赶瓦斯先要严格检查炉前瓦斯总阀门是否关严，把各火嘴的瓦斯阀门也关死，打开炉膛两边的来火蒸汽阀门，向炉膛大量吹汽，把炉膛内残留或因阀门不关串进来的瓦斯全部赶走。这样，不易因空气和瓦斯混合达到爆炸极限而遇火发生爆炸。炉膛吹汽赶瓦斯是否干净，应当采样分析或者以烟囱冒汽为准，吹汽时间长短应根据具体情况而定，一般约10~15min。

② 点瓦斯火嘴。点瓦斯火嘴时应稍开二次风门，把用柴油浸透的棉纱缠成点火棒点着，由点火孔送入火嘴前，缓慢开火嘴瓦斯的小阀门，看到着火后，再开大瓦斯阀，取出点火棒，关好点火孔门，然后适当调节瓦斯、风门。

③ 点油火嘴。点油火嘴时应稍开二次风门，放净雾化蒸汽

中的凝结水，再慢开油阀、蒸汽阀，使燃料油雾化喷出，迅速把点火棒点着送到火嘴前，从看火孔前看到点着后再适当调节油、汽配比。油火嘴一般比瓦斯火嘴难点，有时几次点不着，或点着冒大火等，其原因可能有：刚开炉时，炉膛温度低，特别是寒冷的北方冬季开炉时更突出；燃料油带水或油温太低黏度大，雾化不好；油和蒸汽的配比不当，给汽过大易来，给汽太小又容易喷油冒大火。所以，开炉点火时，一般是先点瓦斯嘴（指有燃料气的地方），等炉膛温度上升时，再来瓦斯火点油火。

④ 点火应注意安全。无论点什么火嘴，点火操作时人不能面对火嘴，要侧着身子，以免回火伤人。

⑤ 点火顺序。立式炉和无焰炉的火嘴数量都很多，而且根据加热炉的升温速度也不能一下全点着。所以，在逐渐升温增加火嘴的时候，要两边一样多，先点两头后中间，对称交错点火为宜，目的是为了保证从开工点火起，不要因炉管或部件受热不均而影响使用寿命。

4.1.2.3　正常操作及调节

加热炉进料流量和出口温度是延迟焦化的重要工艺指标，它直接影响到整个装置的产品质量、产率、处理能力和开工周期。所以，要想实现装置长周期安全平稳生产，必须保证加热炉进料量和出口温度的平稳。加热炉的进料量和进料温度是靠进料油泵出口压力和分馏塔塔底的温度平稳来保证的；靠操作人员的高度责任心、严格的岗位责任制和过硬的基本功来实现的。为此，必须做到燃料正常燃烧，加强检查和及时细心调节。

（1）燃料的正常燃烧

燃料燃烧的好和坏，给人的直观感觉是火焰，火焰好是燃料正常燃烧的标志。但是，正常燃烧并不完全等于火焰好，要想达到火焰好，在正常燃烧的基础上还要做很大努力才能实现。

（2）火焰好坏的判断方法

火焰好坏的判断是：燃烧完全，炉膛明亮清晰，炉墙炉管表面没有显著明暗阴影；瓦斯火陷呈蓝白色，油火焰呈淡黄色；火

74

焰高度一致，不干扰、不偏斜，不打圈、不扑炉管，做到多嘴、短焰、齐火苗；烟囱冒烟无色或淡蓝色。

（3）正常燃烧的影响因素

① 燃料性质的变化。燃料油馏分的轻重或燃料气贫富组成的变化，都会影响燃料燃烧发热量，从而影响炉温的波动。

② 燃料压力变化。燃料压力的变化说明进炉的燃料量发生变化，对同一燃料热值而言，相应地发热量就要变化，也引起炉温波动。

③ 燃料中的杂质及是否带水。如果燃料油带水会使火焰冒火星、喘息、甚至熄火；同时因水发生汽化而吸热，火焰温度降低，燃烧速度下降；如果燃料气带油，由于油的汽化燃烧也造成火焰不好。同时在相同的喷嘴孔径情况下，油进入炉膛容易使炉内满膛大火，严重时将影响安全生产。

④ 燃料和空气的混合。立式炉无论烧油还是烧瓦斯，均需适量的雾化蒸汽，使瓦斯与空气混合良好。配汽量过小雾化不好，火焰尖端发软发飘无力，呈暗红或黄色，燃烧不完全；配汽量过大，火焰发白，短小有力，容易灭火，浪费燃料和蒸汽。无焰炉烧的是高压瓦斯，故不用配汽，靠瓦斯的高速喷射携带空气达到混合的目的。

⑤ 入炉空气量的变化。燃料燃烧的三要素之一是氧气充足，氧气用量平时是以入炉空气量来衡量的。入炉空气量太小，燃烧不完全，炉膛发暗，火焰发红；入炉空气量过大，炉膛虽呈淡黄色，但火焰上烟气乱窜，炉管氧化脱皮厉害。入炉空气量是通过风门和烟道挡板开度大小来调节的。除此之外，还受外界气温风力大小变化的影响，炉漏风更为明显。

4.1.2.4 调节方法与主要工艺指标的分析

（1）加热炉进料量和炉子出口温度的关系

在正常操作的情况下，应当保持进料量平衡。进料量大小与处理量高低有关，除特殊情况外是不允许大幅度地提量或降量。如果想控制循环比不变，分馏塔塔底温度由于焦炭塔的预热和切换等操作可能发生变化，这时若要保证炉出口温度平衡，除了搞好正常燃烧外，必须暂时适当降一点进料量，否则就会出现炉出口温度烧不上去、火焰加大，炉膛温度升高等不良倾向。如果想保持进料量和炉出口温度不变，只有用改变循环比的办法，保证分馏塔塔底温度不变来达到。

（2）炉膛温度和炉出口温度的关系

炉膛温度一般指烟气离开辐射室的温度，也叫火墙温度。

燃料燃烧产生的热量，在炉膛内是通过传导、辐射和对流三种方式传给炉管内油品，其中辐射热量占 90% 左右，传热量的大小与炉膛温度和管壁温度有关。辐射室传热公式为

$$Q = 19.623\psi A_{辐}\left[(T/100)^4 - (\phi/100)^4\right] + 4.187hA_{辐}(T - \phi)$$

式中　Q——辐射室总传热量，kJ/h；

　　　ψ——系数，与炉型、火焰情况、炉管排列等有关；

　　　$A_{辐}$——辐射室炉管外表面积，m^2；

　　　T——炉膛温度，K；

　　　ϕ——炉管外表温度，K；

　　　h——对流给热系数，$kJ/(m^2 \cdot h \cdot ℃)$。

从以上公式可以看出，在辐射室内辐射传热量大小与炉膛温度四次方和炉管壁温度四次方之差成正比。简单地讲，炉膛温度高，辐射室的辐射和对流传热量就大。所以，炉膛温度变化曲线与炉出口温度变化曲线一致。炉膛温度高低，在进料温度和流量不变的情况下，主要由燃料量和火焰调节好坏决定的。有时因调节火焰不当，致使炉膛温度某一点升高或下降，就是这个道理。

从数学公式角度看，炉膛温度越高越好，但不能无限提高炉膛温度。炉膛温度过高，辐射炉管表面热强度（每平方米炉管表面积每小时所传递的热量）过大，引起管壁温度升高，炉管易于结焦，同时进入对流室烟气的温度也过高，对流炉管也容易变形烧坏。另外，由于炉管结焦造成传热系性能（传热系数）大大下降，要达到相同加热炉出口温度有必要使炉膛温度更高，这样形成一个恶性循环，对焦化炉长周期运转十分不利。所以，在延迟

76

焦化装置正常生产中，如果炉膛温度上升得快，表明炉管结焦严重，应该引起注意。当然，炉管结焦不完全是因为炉膛温度高造成的，还与局部过热、炉管排列、油品流向、原料性质等多种因素有关。

加热炉炉膛温度不但是生产的主要指标，也是设计中的重要工艺参数，通常设计人员是根据加热炉热负荷和炉管材质而计算规定的。所以，操作过程中，不能长期超过规定指标。一般焦化立式炉炉膛温度在 800~850℃，无焰炉在 750~780℃。

（3）注水/水蒸气量与炉膛温度的关系

焦化加热炉一般采用注水/水蒸气的方法来提高油品在炉管内的流速，缩短停留时间，减少结焦。

注水/水蒸气有增加流速、缩短停留时间、减少结焦的好处，但也有增加加热炉负荷、压力降等缺点。注水/水蒸气量的大小与焦化原料性质、处理量、设备负荷有关，所以注水/水蒸气量大小要选择合适，大体为辐射管内工艺介质流量的 2%左右。

炉膛温度在其他条件不变时，随着注水量的增加而提高。因为 1kg35℃的水加热到 500℃，需要热量为 3347kJ。如果注水量为 1500kg/h，那么需要热量为 5020MJ/h，约占有效热负荷的 10%。由于不适当提高注水量引起炉膛温度升高也是炉管结焦的一个因素，炉管的结焦后，管径变小，油品流速增加，压力降也要增加。在保证进料量不变情况下，注水压力也必须上升。为此，从注水压力上升速度也可以判断炉管的结焦程度。在设计规定的加热炉辐射炉管入口压力范围内时，还可以继续生产，当超过压力（或安全阀定压）时，就得停工，或者降辐射进料量，或者降注水量。

目前延迟焦化多采用注汽代替注水。此外，为减少注汽对管内压降的影响，焦化炉注汽应采用多点注汽，其与仅炉入口单点注汽相比，优势主要体现在：

① 在同等注汽量下，多点注气的介质流经炉管的压力降小，从而可以降低炉入口压力，也就降低了加热炉进料泵的轴功率。

② 可以经模拟计算后，在介质面临峰值热强度的部位注汽，提高该部位流速，从而可降低油膜厚度和温度，强化了管内传热。

③ 由于分段注汽，便于分段调节注汽量；由于注汽量相对减少，使管内油品气相中烃分压增加，缓和了液相油品的特性因数沿炉管加热升温而变小的趋势，这种现象有利于减缓油膜层生焦速率。

国外焦化加热炉设计几乎都采用多点注汽，并且注入量比国内设计低。注汽点位置选择及注汽量的大小对焦化炉的操作是十分重要的。

（4）风门开度与全炉热效率的关系

燃料燃烧是燃料中碳和氢的氧化过程，产生二氧化碳、水，并放出热量。

1kg 的燃料完全燃烧需用的理论空气量视燃料的组成不同、种类不同，其计算公式也不同。

理论计算空气量不能保证完全燃烧，实际上入炉空气量总比理论计算值大一些。二者之比叫做空气过剩系数，常以 α 表示。

$$\alpha = L_{实际}/L_{理论}$$

式中　$L_{实际}$——实际入炉空气量，kg 空气/kg 燃料；

$L_{理论}$——理论计算的空气量，kg 空气/kg 燃料。

从以上公式中看到，过剩空气系数 α 有大于 1、等于 1 或者小于 1 三种情况。在正常的情况下，过剩空气系数总是大于 1 的，但过剩空气系数太大有如下的缺点：

① 进炉空气太多，炉膛、火焰温度下降，炉出口温度烧不上去。

② 烟气量增加，带走热量也增多，既降低了全炉热效率，又浪费了燃料。

③ 炉管容易氧化脱皮，炉管腐蚀损失加快。

空气是由火嘴的一、二次风门进入的，进入量的多少，是由炉膛负压（或烟道挡板开度）及风门开度的大小决定的。由此可见，风门和烟道挡板开度与加热炉热效率有关，操作中不能随便调节风门，特别是烟道挡板更不能乱调乱动，应该看准再调。

4.1.3 加热炉炉管的清焦

4.1.3.1 *炉管结焦的判断*

焦化炉管内结焦是难以避免的，管内结焦除影响传热效果，还会造成装置处理量降低，影响装置操作周期和效益。炉管结焦的判断方法是凭实际操作经验和查仪表的记录指示。具体情况如下：

①炉管的局部结焦。可以从炉管表面颜色不一样来判断。结焦的地方，由于焦炭、盐垢的传热系数小，而使炉管表面温度高，颜色发暗红色，或者有一些灰暗的斑痕，而其他地方炉管则呈黑色。发现这种局部结焦时，就要注意多观察多检查，把局部结焦的炉管左右火嘴的火焰适当调小，防止继续发展。

②多数炉管结焦。在炉辐射进料量和其他指标不变时，炉膛各点温度逐渐升高，使炉管颜色发暗红、阻力降增加，注水蒸气压力上升；或者炉膛温度升高，炉辐射出口温度上不去，焦炭塔塔顶温度下降，焦炭质量不合格。

如果温度反应不灵，证明温度控制热偶保护套管结焦严重。出现这种大量严重结焦时，就应该停工烧焦。若还要坚持生产，那就应该降低处理量、降低炉出口温度、增加循环比、增加注汽量，加强火焰调整，密切注视炉膛温度、炉出口温度及焦炭塔塔底温度，保证安全正常生产。

4.1.3.2 *炉管清焦*

及时快速清除管内结焦，特别是在不停炉的条件下实施操作，是提高焦化炉及装置在线率的有效措施。国内外普遍应用的清焦技术有以下几种。

（1）烧焦技术

国内应用较成熟的清焦技术之一是加热炉停车条件下的空气-蒸汽烧焦和在线空气-蒸汽烧焦两种。它们的原理是相同的，将空气和蒸汽通入需清焦的管程并升温，管内焦层在高温下与空气接触后燃烧。在此过程中，用蒸汽量控制烧焦速度并带走燃烧产生的热量，降低管壁温度，起到保护炉管的作用。

在线烧焦时，将需烧焦的管程切换通入空气和蒸汽，而其他管程维持正常操作。在线烧焦适用于多管程的焦化炉，不受焦化炉构造的影响。空气-蒸汽烧焦技术根据流程设计可实现双向烧焦，有利于较彻底清除辐射管内结焦。在线操作有较高的灵活性，烧焦操作可根据实际工况随时实施。

空气-蒸汽烧焦技术的缺点是烧焦过程对炉管的损伤较大。这是由于烧焦过程中炉管受热不均匀，易出现局部管壁温度超温，造成过烧，严重时会出现炉管变形弯曲现象，降低炉管使用寿命。烧焦产生的尾气通常直接排入大气，造成环境污染。欧美多国已不允许采用空气-蒸汽烧焦操作。

（2）在线清焦

在线清焦有变温法和恒温法两种不同的操作方法。

① 变温法

变温法多用于清除硬焦，是利用变温过程中金属与焦炭膨胀收缩系数不同，使焦层剥离。实施操作时，将大量蒸汽通入需清焦的管程，升温至蒸汽出口温度达到 $590 \sim 621 \, ^\circ\!C$，并严格监控整个操作过程中管壁温度不得超过 $705 \, ^\circ\!C$。在高温段恒温后，熄灭主火嘴并加大蒸汽量，使蒸汽出口温度降至 $450 \, ^\circ\!C$ 左右。炉管壁温的急剧下降使焦层剥离。蒸汽将剥离下来的焦块携带至焦炭塔。重复 $3 \sim 4$ 次升降温过程，完成在线清焦操作。在线清焦操作一般在焦炭塔切换 $3 \sim 5h$ 后进行，根据焦炭塔液位确定切换焦化原料的时机。

② 恒温法

恒温法多用于清除软焦，利用水煤气反应原理清焦。实施操作时，将大量蒸汽通入需清焦的管程，升温至管壁温度尽可能接近 $649 \, ^\circ\!C$，并在整个操作过程中维持该温度，但不得超过这个温度。在该温度下，水蒸气与焦炭反应生成 $H_2 + CO$，生成的水煤气排入焦炭塔，达到清除管内焦炭的目的。

③ 在线清焦方法的选择

管内焦层的软硬是相对的，选用适合管内结焦状况的在线清焦方式是保障清焦效果的重要步骤之一。可根据管壁温度记录数据判断，管壁温度达到 630℃ 的时间少于 3 个月，且管壁温度未超过 650℃，建议采用恒温法清焦；管壁温度达到 630℃ 的时间超过 3 个月，且管壁温度超过 650℃，建议采用变温法清焦。

④ 在线清焦操作的特点

实施在线清焦操作时，特别是变温法，需要在短时间内不断改变操作参数，改变加热炉操作状态，其技术难度大，对操作人员的素质要求较高。在线清焦操作中，管内焦层剥落后随蒸汽进入焦炭塔，操作对环境没有附加影响。被剥离焦块的尺寸不宜过大，否则会引起堵塞，造成停炉。由于管内焦层实际状况难于确定，因此，开始的一、两次变温操作幅度不宜过大。焦层挥发分越少，越干燥，越容易剥落，为此高温段的恒温时间应足够长。在整个过程中，炉管管壁温度均在受控状态，可以有效避免管壁温度超过管材的氧化极限，有效地保护炉管。

⑤ 适应在线清焦操作的焦化炉

在线清焦操作过程中，焦化炉的操作状态较正常操作恶劣。为保证该操作能顺利实施，在焦化炉机械设计方面做了改进。从焦化炉构造上分析，单炉膛单管程的结构比较适合采用变温法清焦，这种结构可以最大限度地减少各管程间升降温的干扰。在线清焦操作中，由于炉膛、管壁等温度骤变，会出现短时炉管振动现象。振动幅度的大小与管架构造设计有关，待恢复正常操作后，振动现象消失。下支撑的管架能够有效支撑辐射管系，有助于缓解振动。为配合迅速升降温的特点，辐射室炉衬一般选择蓄热量小的材料，如陶瓷纤维制品。配合迅速升降温，燃烧器的操作弹性要大，能在不同炉膛温度下燃烧稳定，调节便利。在工艺管路上应设有安全可靠的切断阀或阀组，以防止高温焦化原料窜入清焦管程。

（3）机械清焦

机械清焦方法是国际上近年广泛采用的清焦技术，有些工程公司称之为水力机械清焦。机械清焦时，将清焦管程的出入口与清焦工程车的水系统连接，用安装在工程车上的泵组打出 2～3MPa 压力的水流，推动用特殊材料及工艺制造的清焦球在管道内运动，清理管内焦层。清焦可单管程也可多管程同时进行，图4-1-15 为两台清焦工程车同时清洗四管程炉管示意图，图4-1-16 是清焦球（图4-1-17）通过炉管各部位的示意图。清焦球能够通过急弯弯管和带内弧度的可拆式铸造回弯头。水力机械清焦效果已得到国内外同行认可。

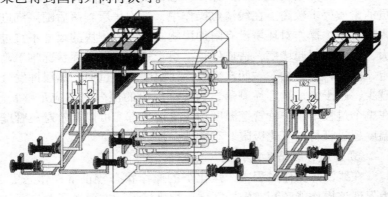

图 4-1-15　两台清焦工程车同时清洗四管程炉管示意图

图 4-1-16　清焦球管内运行示意图

图 4-1-17　清焦球示意图

82

（4）不同清焦方法的比较

不同清焦方法的比较见表4-1-4。

表4-1-4　不同清焦方法的比较

清焦方法	蒸汽-空气烧焦	在线清焦	机械清焦
清焦效果	基本清除可燃烧的焦炭物质，但管壁的无机盐垢以及对流段结焦无法彻底清除	清焦并不彻底，需要每半年左右一次，最终还是需要停炉清焦	可以彻底地清除干净炉管内的所有结焦及锈垢，可实现两年一次清焦
清焦时间（以四管程为例）	24h左右	48h左右	30h左右
安全系数	炉管局部温度达到700℃以上，对炉管的使用寿命有影响，易造成局部过热而引起炉管变形甚至超温损坏	有可能造成清焦效果差、炉管堵塞、炉管变形，甚至炉管爆裂等严重的事故发生	无风险
环保	产生大量的烟尘、硫化物和污水	无污染	无污染
清焦效果检测	烧焦过程中无法直观检测	恢复正常操作后才能进行检测	通过放入炉管内清焦器尺寸直观地检测出清焦所达到的效果
适应性	多种加热炉	具有在线清焦特殊流程设计的加热炉	多种加热炉
操作难度	工作量大	难度较大，国外专家现场指导	整体外包，工作量小

4.1.4　加热炉的简单工艺计算

4.1.4.1　计算的目的

加热炉的工艺核算，是为了剖析加热炉在生产使用中的性能情况，找出存在问题，提出解决的办法，以便给加热炉改造提供依据。

加热炉的计算有以下两种情况：

（1）设计计算

根据装置的加工能力和原料性质，通过全面设计计算来合理地选用炉型、规格尺寸及各部分的工艺指标。这种设计计算比较麻烦，它包括基础数据的收集、计算总热负荷、燃烧过程计算辐射段计算、对流段计算、炉管压力降计算及烟囱的设计和计算等。

（2）简单核算

简单核算也叫标定，根据实际生产操作数据，计算出加热炉的热负荷、炉管表面热强度、热效率、油品流速及过剩空气系数等，结合操作，对比原设计参数，加以综合分析，找出存在矛盾，提出改进措施。

无论设计计算或者简单标定核算，都必须在一定的基础数据之上进行。加热炉标定核算的原始数据收集如图 4-1-18 及表 4-1-5 所示。

表 4-1-5　加热炉设计/标定计算基础数据项目

项目	数据	项目	数据
原料性质		燃料性质	
相对密度（d_4^{20}）		燃料密度/（kg/m³）	
黏度/（mPa·s）		燃料黏度/（mPa·s）	
馏程/℃		燃料油 C/H	
处理量/（kg/h）		燃料气组成	
入炉温度/℃		过剩空气系数（α）	
出炉温度/℃		辐射段	
出炉汽化率/%		对流段	
出炉压力/MPa			

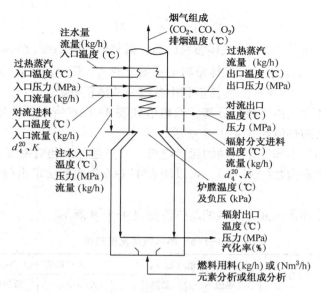

图 4-1-18　加热炉标定核算的原始数据收集

4.1.4.2　计算步骤

（1）燃料的热值计算

燃料的热值与燃料的组成有关，燃料发热值 Q 是每公斤燃料油或每标米燃料气完全燃烧所放出的热量。热值一般分高热值及低热值两种，高热值是燃料完全燃烧后所生成的水已冷凝为液体水的状态时计算出来的热值，低热值是燃料完全燃烧后所生成的水为蒸汽状态时的热值。在计算中常常用到低热值这个概念。液体燃料的高、低发热值由下列公式求出：

$$Q_{高} = 81C + 300H + 26(S - O)$$

$$Q_{低} = 81C + H + 26(S - O) - 6W$$

式中　$Q_{高}$、$Q_{低}$——液体燃料的高、低热值，kJ/kg（燃料）；

C，H，O，S，W——燃料中的碳、氢、氧、硫和水的质量分数。

气体燃料的高低热值由下式计算：

$$Q_{高} = \sum q_{hi} \cdot y_i$$

85

$$Q_{低} = \sum q_{li} \cdot y_i$$

式中　$Q_{高}$，$Q_{低}$——气体燃料的高、低热值，kJ/Nm³(燃料气)；

　　　　q_{hi}，q_{li}——气体燃料中各组分的高、低热值，kJ/ Nm³；

　　　　　y_i——气体燃料中各组分的体积分数。

各种气体燃料组分高、低热值如表 4-1-6 所示；常用几种炼厂气的热值如表 4-1-7 所示。

如果不知道燃料油的元素组成，只知道标准相对密度(d_4^{20})或者比重指数(API 度)，可以用表 4-1-8 作内插法求出(偏差较大)。

几种常用液体燃料油的热值如表 4-1-9 所示。

表 4-1-6　燃料气的高低热值

气体组分	质量热值/(kJ/kg)		体积热值/(kJ/ Nm³)	
	高热值 q_{hi}	低热值 q_{li}	高热值 q_{hi}	低热值 q_{li}
甲烷	55621	49992	39749	35800
乙烷	51463	47488	69639	63700
丙烷	50454	46317	99106	91260
丁烷	49371	45739	128501	117700
戊烷	49122	45360	157893	145800
乙烯	50808	47280	63510	59100
丙烯	49313	46133	92461	86500
丁烯	48716	45484	121790	113710
乙炔	50369	48677	58464	56500
氢	142923	120736	12761	10780
CO	10108	10108	12636	12636
H_2S	16738	15416	25406	23400

表 4-1-7　常用几种炼厂气的热值

气体种类	低热值/(kJ/m³)	高热值/(kJ/m³)	密度/(kg/m³)
湿裂化气	70500	76358	1.48
干裂化气	44560	48953	0.916
湿炼厂气	63178	69036	1.32
干炼厂气	48534	53137	1.04

表 4-1-8　燃料油的热值

API 度	d_4^{20}	低热值/(kJ/kg)	高热值/(kJ/kg)
25	0.9002	41840	79705
14	0.9698	40710	77404
8	1.0117	35815	75730

表 4-1-9　几种常用液体燃料油的热值

名称	热值/(kJ/kg)	名称	热值/(kJ/kg)
原油	43514~46024	汽油	43723~47070
重油	40585~44978	煤油	43095~46024
柴油	41840~44769		

（2）燃烧用空气量计算

① 理论空气量。

燃料的燃烧实质上就是碳、氢、硫的氧化反应，生成二氧化碳、水和二氧化硫，并放出热量的过程。反应方程式如下：

$$C + O_2 \longrightarrow CO_2$$
$$12 \quad 32 \quad\quad 44$$
$$2H_2 + O_2 \longrightarrow 2H_2O$$
$$4 \quad\ 32 \quad\quad 36$$
$$S + O_2 \longrightarrow SO_2$$
$$32 \quad 32 \quad\quad 64$$

即 1kg 碳燃烧完全需要 32/12 = 2.67kg 氧气；1kg 氢燃烧完全需要 32/4 = 8kg 氧气；1kg 硫燃烧完全需要 32/32 = 1kg 氧气。

如果以 C、H、S 表示燃料中含碳、氢、硫的质量分数，那么燃烧 1kg 燃料时所需要的氧气量为 $(2.67C + 8H + S)/100$。

因为空气含氧量为 23.2%（质量分数），故燃烧 1kg 燃料所需的空气量（理论空气量）为：

$$L_0 = \left[(2.67C + 8H + S)/100 \right] \times (100/23.2) \text{kg 空气/kg 燃料}$$

经过整理后如下式：

$$L_0 = 0.116C + 0.348H + 0.0435S \text{ kg 空气/kg 燃料}$$

又因为空气的密度为 1.293kg/Nm³，换算成体积为：

$$V_0 = L_0/1.293 \mathrm{kg/Nm^3} \text{ 空气 /kg 燃料}$$

式中　　V_0——燃料所需的理论空气量（体积），$\mathrm{Nm^3}$ 空气/kg 燃料；

　　　　L_0——燃料所需的理论空气量（质量），kg 空气/kg 燃料。

同理，气体燃料所需的理论空气量 L_0 可用下式计算：

$$L_0 = 0.0619/\rho [\,0.5H_2 + 0.5CO + \sum (m + n/4)C_mH_n + 1.5H_2S - O_2\,]$$

式中　　　　　　　　　　ρ——气体燃料的密度，$\mathrm{kg/Nm^3}$；

　　　　　　　m、n——气体燃料中碳、氢的原子数；

H_2，CO，C_mH_n、H_2S、O_2——均为气体燃料组成的体积分数。

② 过剩空气系数。

实际进入炉膛空气量与理论空气量之比，叫做过剩空气系数（α）。

$$\alpha = L_{实}/L_0$$

过剩空气系数过大或过小都不好，一般立式炉在 1.1~1.25 左右；无焰炉在 1.01~1.1 之间。过剩空气系数的大小，在操作中可根据火焰颜色、炉膛颜色大约判断或调节。

核算时可从烟气分析结果，按下式计算：

$$\alpha = 21/(21 - 79O_2/N_2)$$

式中　　O_2，N_2——烟气中氧、氮的体积分数，%。

知道烟气中氧含量时也可以用图 4-1-19 直接查出 α 值。

（3）加热炉热效率

在单位时间内炉子有效热负荷与燃料供热量的比叫做加热炉热效率。分正平衡法和反平衡法两种计算方法。由下列两式均可计算

$$\eta = Q_{有效}/(BQ_{低}) \qquad （正平衡法）$$

或　　　　　$$\eta = (100 - q_1 - q_2) \qquad （反平衡法）$$

式中　　η——加热炉热效率，%；

　　　　$Q_{有效}$——炉子有效热负荷，kJ/h；

88

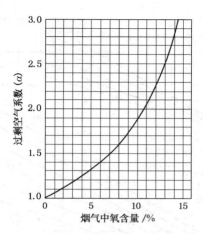

图 4-1-19　烟气中氧含量与过剩空气系数的关系

B——燃料用量，kJ/h 或 Nm^3/h；

$Q_{低}$——燃料的低发热值，kJ/kg 或 kJ/Nm^3；

q_1——烟气离开烟囱带走的热量损失率，%；

q_2——辐射段及对流段炉墙散热损失率，%。

根据过剩空气系数和烟气出对流段的的温度，由图 4-1-20 可查出烟气带走的热量 q_1。

在已知燃料量和热值、有效负荷的情况下可用正平衡法计算热效率。用图 4-1-20 查得烟气带走热量的百分率，再根据立式管式炉的辐射段热损失约 1% ~ 3%，对流段热损失约 1% ~ 2%，就可用反平衡法计算出全炉的热效率。

（4）燃料用量

燃料用量可用下式计算：

$$B = Q_{总}/(Q_{低}\,\eta\,) \qquad kg/h$$

（5）热负荷计算

① 总热负荷计算。

$$Q_{总} = Q_{对} + Q_{辐} + Q_{失}$$

② 对流段热负荷。

在延迟焦化加热炉对流段由原料预热管、过热蒸汽管和注水

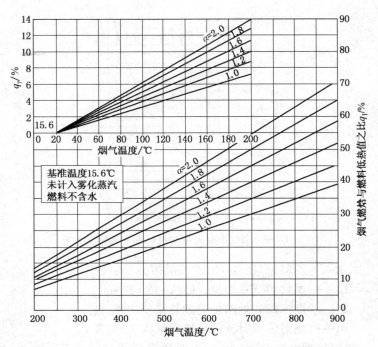

图 4-1-20　烟气热熔与燃料低热值之比 q_1 与烟气温度的关系

管三部分组成。即

$$Q_{对} = Q_{原} + Q_{过} + Q_{注}　kJ/h$$

$$或　Q_{对} = G_{对原料}(q_{辐原料出} - q_{对原料入}) + G_{对过}(q_{对过出} -$$

$$q_{对过入}) + G_{对注水}(q_{对注水出} - q_{对注水入})$$

式中　$G_{对原料}$，$G_{对过}$，$G_{对注水}$——原料、过热蒸汽、注水量，
　　　　　　　　　　　　　　　　　　kg/h；

$q_{辐原料出}$，$q_{对原料入}$，$q_{对过出}$，$q_{对过入}$，$q_{对注水出}$，$q_{对注水入}$——原料
油、过热水蒸气、注水的出口（入口）温度下的热熔值，kJ/kg。

③ 辐射段热负荷

辐射段热负荷计算比较复杂，偏差较大。因为在焦化炉管内
注水又有化学反应等一系列过程，使气化率弄不准，但根据几个
厂的核算结果表明大约在 38%~40%。

$$Q_{焦化} = G_{进}\left[eq_{气焦出} + (1-e)(q_{液焦出} - q_{液焦入})\right]$$
$$+ G_{注水}(q_{注出} - q_{注入}) \quad kJ/h$$

式中　$G_{进}$，$G_{注水}$——辐射段进料和注水量，kg/h；

$q_{气焦出}$、$q_{液焦出}$、$q_{液焦入}$、$q_{注出}$、$q_{注入}$——炉出口气相部分、液相部分、注水在炉出、入口温度下的热焓值，kJ/kg；

e——炉出口温度下油品的汽化率，%。

④ 散热损失。

炉墙散热总损失率 q_2 一般按 3%~5% 选取。

（6）炉管表面热强度

单位时间内每平方米炉管表面积所吸收（或放出）的热量称为炉管表面热强度。

① 对流管表面热强度。

对流管表面热强度由下式计算

$$q_{对表} = Q_{对}/F_{对}$$

式中　$q_{对表}$——对流管表面热强度，$kJ/(m^2 \cdot h)$；

$Q_{对}$——对流管（段）的热负荷，kJ/h；

$F_{对}$——对流管的表面积，m^2。

$$F_{对} = n\pi DL$$

式中　n——对流段炉管根数，根；

D——对流段炉管外径，m；

L——对流段炉管有效长度，m。

综合以上两式得：

$$q_{对表} = Q_{对}/(n\pi DL)$$

② 辐射段、注水管、过热蒸汽管的表面热强度。

用同样公式可计算出辐射段、注水管、过热蒸汽管的表面热强度。

$$q_{焦表} = Q_{焦}/(n\pi DL)$$

$$q_{注水表} = Q_{注水}/(n\pi DL)$$

$$q_{过热表} = Q_{过热}/(n\pi DL)$$

（7）油品流速

① 质量流速：

$$W_{质量} = 4G/(3600n\frac{\pi}{4}d^2) \quad kg/(m^2 \cdot s)$$

式中　$W_{质量}$——油品流量，kg/h；

　　　　n——炉管分支数（2 或 4）；

　　　　d——炉管内径，m。

② 体积流速：

$$W_{体} = W_{重}/\rho_t \quad m/s$$

式中　ρ_t——油品密度，kg/m³。

4.2　焦炭塔

4.2.1　焦炭塔的作用、特殊性及结构

（1）焦炭塔的作用

焦炭塔实际上是一个大的反应器，是渣油进行焦化反应和得到产品的地方。焦炭塔它是延迟焦化装置的主要设备，是延迟焦化装置的重要标志，所以它的作用仅次于加热炉。

（2）焦炭塔的特殊性

由于焦化工艺过程的特殊性，对焦炭塔来讲也应该相适应。所以，无论在平面布置、设备尺寸、材质、制作安装、操作维护及辅助设备等都对焦炭塔提出了要求。

为了减少加热炉阻力、热损失要求焦炭塔在平面布置上紧靠加热炉。

为了保证焦化反应在塔内有充分的反应时间、温度和压力，根据装置的加工能力大小，在一定的允许线速下，要选择一个合理的直径与高度。

焦炭塔周期性生产，在一个循环周期内要经过试压、预热、切换生焦、冷却、除焦等频繁操作步骤，要求选择热强度高不易腐蚀的优质钢材。国内过去都采用 20 号锅炉钢，现在已改用 15CrMoR 和 14Cr1MoR 的 Cr-Mo 钢板；如果是按加工高硫原油渣

油考虑的，从塔顶部至泡沫层底面以下 1500～2000mm 处应采用不锈钢复合板，复层为 0Cr13Al（即 405）或 0Cr13（即 410S）。焦炭塔的制造、安装、焊缝质量都必须符合设计和规范要求。操作人员要有严格的科学态度和熟练过硬的基本功。有关辅助设备（四通阀、堵焦阀、进料阀、循环阀等）都必须切换开关灵活，严密不漏不窜。

（3）焦炭塔的结构

焦炭塔是一个直立圆柱壳压力容器，里面没有什么内部构件，整个塔体由锅炉钢板拼凑焊接而成。根据各段生产条件不同，自上而下分别由 24、28、30mm 三种厚度钢板组成。在上封头开有除焦口、油气出口、放空口及泡沫小塔口；下部 30°斜度的锥体，锥体下端设有为除焦和进料的底盖。底盖用 35CrMo 钢铸造后，应经过热处理以满足热应力要求。根据塔径大小采用若干个 30CrMoA、M30×220 的螺栓固定在锥体法兰上，进料口短管在底盖的中心垂直向上。在焦炭塔塔侧筒体上的不同高度安装有 3～4 个中子料位计或伽马射线料位计，用于测量料位。焦炭塔塔侧筒体上还设有循环预热用的瓦斯进口。其结构如图 4-2-1 所示。

4.2.2　焦炭塔的正常操作

一炉四塔装置正常生产时，总是有两个焦炭塔处在生产状态，其他两个处在准备除焦和油气预热阶段，每 24h（或 20h）有两次除焦，两次切换焦炭塔。

焦炭塔生产周期（生焦时间）的长短，是根据焦炭塔的容积、原料性质、处理量、循环比等情况变化而安排的，而工序可根据具体条件安排。在安排生焦和各工序的操作时间时，要尽量全面考虑，在同一时间内不要有两个焦炭塔同时油气预热或冷焦、除焦，以免造成后部分馏系统波动大，无法平稳生产。除焦最好都放在白天进行。

焦炭塔操作生产周期工序如图 4-2-2 所示，其操作有五大步骤。

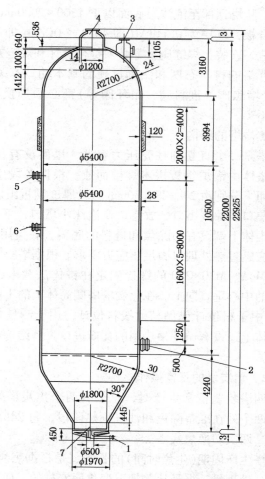

图 4-2-1 焦炭塔结构

1—进料口短管；2—预热油气入口；3—泡沫小塔口；
4—除焦口；5、6—中子或伽马射线料位计；7—排焦口

4.2.2.1 新塔准备

（1）赶空气、试压、脱水

水力除焦完毕，经认真检查塔内无焦，开开堵焦阀、进料

94

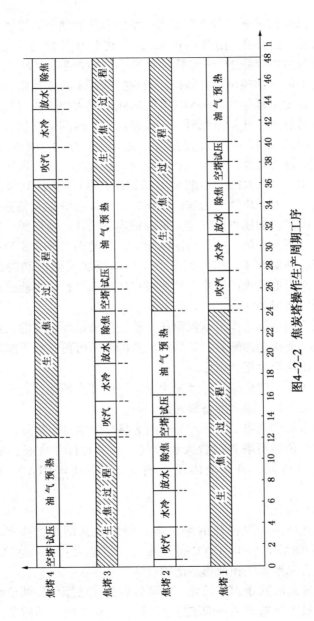

图4-2-2 焦炭塔操作生产周期工序

阀，用汽吹扫试通，避免在除焦放水中有焦块堵住。当底盖、泡沫网人孔、除焦孔（用阀门可关死）、进料短管法兰都上紧后，塔顶改放空塔（或去冷焦水隔油池），在塔底通蒸汽赶走塔内空气，为下面的油气预热打基础。否则空气赶不净放瓦斯预热易爆炸，所以要求赶空气必须彻底。为防止给汽太快造成空气与蒸汽混合不易赶净，开始给汽时一定缓慢进行，时间适当加长，在塔顶排放阀见汽后（或凭自己的经验）关闭放空大（小）阀进行降压。

试压标准根据设计条件和安全阀定压大小决定，试压标准一般在 0.18～0.22MPa，不能大于 0.3MPa，以操作控制室的压力记录为主，参照塔顶压力表。试压时一定要指派专人负责，防止超压、串汽。超压可把安全阀顶开或损坏垫片，违反操作规程超压操作是不允许的。超压的原因除了人为的因素外，还与压力表导管堵、冻凝有关。串汽是生产中分馏塔底液面波动的原因之一，串汽可能是阀门结焦、堵焦或损坏关不严，也可能是误操作开错阀门造成的。

试压到指标后少量给汽恒压，检查除焦过程拆装的人孔法兰垫片等有无渗漏的地方，如果有轻微的渗水可再紧一下螺栓，否则要重新换垫片把紧试压。

试压结束应根据具体情况决定是否用蒸汽预热，若不用蒸汽预热时马上停汽脱水准备放瓦斯。

脱水是将赶空气试压过程中的大量冷凝水排出塔外，塔内积水多耽误预热新塔和浪费大量油气。脱水时打开塔底去隔油池（沉淀池）的阀，直到塔内压力还有 0.01～0.05MPa 时关闭放水阀。

（2）放瓦斯

放瓦斯是油气预热的第一步。所谓放瓦斯是把生产塔（老塔）去分馏塔的 430～435℃高温油气自新塔顶引入，达到新塔、老塔压力先平衡气和预热平衡的目的。

放瓦斯时除通知班长外，还要告诉分馏塔操作员调节好因放瓦斯热量不足造成的分馏塔温度下降，避免影响产品质量；但反

96

过来，也要求焦炭塔操作员在放瓦斯时要慢、稳、密切配合，尽量避免由此而产生的操作上的波动。放瓦斯操作流程如图4-2-3所示，图中以焦炭塔1生产、焦炭塔2预热为例说明。

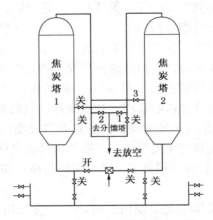

图4-2-3　放瓦斯操作流程示意图

焦炭塔2的堵焦阀3开着，在试压前已用汽封扫一下，畅通灵活。开焦炭塔2的出口阀1，让油气自焦炭塔1顶出后，一部分经阀2、阀1倒入焦炭塔2内，因为焦炭塔2内压力小于焦炭塔1或分馏塔，所以要求慢开、少开、勤开，分多次开完，特别是开前5~6扣更要小心。操作员在开阀1的同时，注意焦炭塔2压力是否有上升趋势，焦炭塔1压力是否有微小的变化，同时还要注意听一下声音是否有油气通过。当焦炭塔2、焦炭塔1压力基本平衡后，可快开阀1到开完为止，一般需用45min左右。

这里要分析一下为什么一定要开阀1，而不开阀3呢？因为在试压时塔内蒸汽凝结水一部分存在在焦炭塔2出口线里，用开阀1使油气往回倒的办法可以将水加热汽化顶回去，不至于影响下步油气循环和水串入分馏塔引起波动。在新塔焦炭塔2内虽也有水，但是，通过缓慢预热汽化，对分馏塔影响相应减少。也有采用阀1阀3同时开的。这要特别注意，严格控制阀门的开度，搞不好容易造成放瓦斯快、后部波动大的后果。

（3）油气预热

新塔焦炭塔 2 放进瓦斯后，塔内油气不流动，塔体温度仍不能继续上升，这时要开始油气预热（或称瓦斯循环）。

逐渐打开焦炭塔 2 的瓦斯循环阀 3，开完后，因焦炭塔 2 内压力平衡都大于分馏塔的压力，所以，焦炭塔 1 的高温油气进入焦炭塔 2 的量较小，这时就要采取逐渐关小焦炭塔 1 出口阀 2 的措施，让油气少去分馏塔而通过循环阀 3 进入焦炭塔 2 内。

当油气预热新塔进行 1.5h 左右，新塔底已有大量的凝缩油产生，如不甩出就会影响新塔顶预热速度，这时准备甩油（或称拿油）。甩油开始又不能太快，防止抽空带瓦斯。甩油操作好坏与新塔预热速度有很大关系，应根据新塔预热出口温度上升情况渐渐关小阀 2，让油气进焦炭塔 2，保证新塔到切换时预热完毕准时交出。

但这样在操作中会出现焦炭塔预热和分馏塔热量不足的矛盾，如何处理，协作配合很重要。协作配合得好基本可以做到预热和不预热一个样。

新塔的预热时间一般情况下不能小于 8h，特殊情况例外。塔顶温度在 380℃ 以上（接近分馏塔塔底温度），各壁温度分布合理，塔底油基本甩净，说明新塔预热良好。

另外，在甩油中往往不容易出现"拿不出油来"的现象，发现油拿不出来应分析原因，想办法处理。油拿不出来可以从下面几个现象判断：

① 甩油时间很长，进料管温度很低，说明塔内存油多，流动不畅通。

② 新塔预热速度显著减慢，老塔出口接近关完（指平时所关的扣数），说明塔内存油多吸热影响温度上升。

③ 甩油泵半抽空，冷却水箱水汽化量不大，管路没有流体声音。

生产实际证明，油拿不出来多数为除焦不干净，检查不严不细，造成新塔预热后焦块掉下来堵在进料线热电偶处引起的。

处理办法：只有停泵用蒸汽吹扫进料管线，把焦块吹往塔内。一次不行吹二次，有时需反复几次。

4.2.2.2 切换焦炭塔

四通阀是焦炭塔的重要辅助设备，也是焦化装置的关键设备。对于一个焦炭塔操作人员来讲，每天都切换一、二次，好像没啥，"熟能生巧"，但若疏忽了也是很危险的。延迟焦化装置最容易出问题的地方也在这一步。有几点值得注意：

① 四通阀螺套松紧程度找得不合适或记错方向，容易在切换时卡住。

② 四通阀的汽封中断，使四通阀芯和阀体结焦而切换不动。

③ 进料短管给汽试通时检查不细，切换时容易憋压或者发生爆炸着火。

④ 甩油线阀忘关，切换后容易发生跑油串油。

⑤ 塔底油没拿出去，又不想办法处理，切换后容易造成冲塔。

⑥ 切换四通阀两个人配合不好，用力不均容易造成切换中途停止。

⑦ 切换后通汽小，堵焦阀忘关，容易造成结焦，给下次准备带来麻烦。

因此，我们工作要严肃认真，谦虚谨慎，戒骄戒躁，不管自己有多长的操作时间，有多少操作经验，每次切换四通阀前后都要认真负责，谨慎小心。

（1）切换四通阀的条件

① 新塔塔顶温度已经380℃以上；

② 新塔塔底油甩净，温度已经在320℃以上；

③ 整个装置操作平稳；

④ 放空塔给水，联系、切换信号好用，消防设施、工具用具齐全。

（2）切换四通阀步骤

切换四通阀的操作步骤和联系信号，各厂不完全相同，但大体做法相似，现以东北某老厂延迟焦化装置的切换步骤为例，如表 4-2-1 所示。

表 4-2-1　切换四通阀步骤

步骤	四通阀平台（7.1m）	堵焦阀平台（12.5m）
1	改好流程：①开进料阀；②关甩油阀	准备好关阀工具、消防工具
2	检查：通汽检查进料线和进料阀是否畅通无阻	看：新塔、老塔压力及其他无异常变化
3	发信号：向 12.5m 平台发一信号，表示 7.1m 平台已准备就绪，并同时询问 12.5m 平台准备工作情况，待回信号	回信号：向 7.1m 平台发回信号，说明一切正常，准备工作已完
4	松动四通阀螺栓（顺时针）活动旋塞，灵活好用，看箭头方向快速切换到新塔进料，参看炉出口压力无继续上升时，紧好螺套	做好关老塔出口准备，等待信号
5	切换正常后，给 12.5m 平台信号，表示已切换完毕，吹扫前给汽，停甩油泵扫好甩油线	听到信号后，关闭老塔出口阀，注意老塔新塔压力变化，如老塔压力超高，应用放空阀控制

4.2.2.3　老塔处理

切换四通阀过后，原来生产的塔叫做老塔。老塔经过 24h（或 36h）成焦，刚切换过去塔里温度仍然很高，约 400～420℃，必须进行冷却才能安全除焦。步骤如下：

（1）汽提

汽提又叫小量给汽。切换四通阀后开始用进料线上的吹扫阀给汽。一方面吹汽扫老塔的进料管、阀门，以免存油结焦；同时给汽汽提焦层内的大量高温油气。流程如图 4-2-4 所示。

汽提时油气从老塔顶出来经循环阀去新塔，这样操作一方面将老塔高温油气赶入新塔，减少切换后的热量不足。而且由于老塔油气去新塔造成切后两塔压力稍有上升，这样不容易引起老塔内的重质（特别是泡沫层）组分迅速上涨冲塔和泡沫层的回升，也避免了新塔的热量少而影响分馏塔操作。

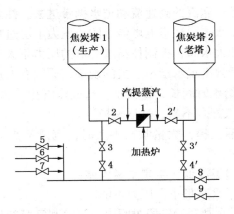

图 4-2-4 老塔处理示意图

1—四通阀；2，2′—焦1、2的进料闸阀；3，4(3′，4′)—焦1、2的给汽、给水阀；
5—焦1、2的过蒸汽阀；6—焦1、2的给水阀；7—焦1、2的给汽阀；
8—焦1、2甩油阀；9—焦1、2放水阀

汽提时间一般在 30~40min，时间不宜过长，时间太长容易使生产塔汽速提高，产生雾沫夹带。

（2）大量吹汽改放空

汽提完毕把新、老塔分开，新塔循环阀关死，堵焦阀关好并给上汽封，老塔出口改到放空塔去，自塔底开始大量吹汽。目的是：用大量蒸汽冷却焦层；汽提部分油气，改善焦炭质量。方法是：先打开一下放空阀，关小新塔循环阀，老塔稍为憋压时，迅速关新塔循环阀，同时迅速打开老塔去放空塔的放空阀，老塔底大量吹汽。

大量吹汽时间一般为 3h 左右，吹汽量和吹汽时间根据厂蒸汽供应情况，可长可短，可多可少，也有的厂焦化装置不大量吹汽就直接给水冷焦。

（3）给水及放水

给水是冷却焦层一个有效办法，用蒸汽冷却到老塔出口 270~280℃ 左右温度，再就不容易下降了。这时准备给水，首先把水泵启动起来建立正常循环，然后关小给汽阀慢开给水阀，水和汽一同进塔，靠汽的高速流动把水携带进去，注意水阀不能开得过大，防止水击，注意老塔给水防止压力上涨过快，以后再逐渐关掉汽阀开大水阀，控制住给水时塔的压力不大于 0.2MPa。

给水时经常出现水给不进去的现象，原因有五点：

① 开始给水时间长，量又小，造成焦层孔道被黏稠物堵住；

② 水、汽配合不当，过早关掉汽阀；

③ 切换后汽提，大量吹汽不及时，汽量又小，造成泡沫层回升阻力增加；

④ 炉出口温度低，生焦质量太差；

⑤ 冷焦给水泵量小，压力不够。

所以在给水刚开始一段时间内，注意观察塔的各点温度、塔顶压力、给水流量的变化，听一下管线声音，这些都能及时帮助我们判断给水情况。

水在焦层被汽化同时带走热量。当给水到一定程度后，塔里装满水而溢流出来，焦炭塔塔顶压力突然上涨 0.05MPa 左右，这时应将流程改到沉淀池去。当塔顶温度下降到不高于 70℃ 时，就停泵停水。开塔底放水阀放水，开焦炭塔顶呼吸气阀，接通大气，以免焦炭塔内负压，水放不出来，给卸底盖带来困难。

4.2.2.4　水冷及焦炭塔的变形

焦炭塔变形与它的频繁操作过程有关，一个焦炭塔每天都要经历升温降温水冷再升温，从冷却到环境温度又重新被加热到 475~510℃，温度变化幅度范围很大，这样经常多变的工艺条件，必然对焦炭塔带来不利影响，其中主要表现在焦炭塔的变形方面。

我们知道，大多数物质都是热胀冷缩，对焦炭塔来讲也毫不例外，每种钢材都有强度和应力，如果无数次激烈冷热交替变化，就会减弱强度和应力，这就是焦炭塔变形的根本原因。

焦炭塔变形是由延迟焦化装置特殊工艺决定的自然趋势。但是，变形速度和大小却与操作有关，特别与给水快慢有关。

有人研究，焦炭塔在 20 年内蠕变伸长还不到 1%，显然焦化过程不是促成这种变形的主要因素。而促成变形趋向的主要因素是骤冷过快，温度变化激烈随之而产生应力和膨胀的结果。为了便于描述骤冷程度，采用单位骤冷因数的概念来估计。用下式表示：

单位骤冷因数 = 水骤冷时间(min) / 焦炭产量(t)

根据文献介绍，骤冷因数当进料口位置在底部人孔盖上时可取 0.4，我国一般延迟焦化设计为了安全起见常采用 0.6～0.8，如表 4-2-2 所示。

表 4-2-2　单位骤冷因数与膨胀率的关系

序号	水骤冷时间/min	焦炭产量/t	单位骤冷因数/(t/min)	膨胀变形程度
1	90	380	0.24	严重
2	100	270	0.27	严重
3	99	310	0.29	严重
4	144	180	0.78	忽略
5	135	170	0.8	忽略
6	150	170	0.88	无
7	180	180	1	无

从表 4-2-2 可以看出，单位骤冷因数大于 0.5t/min 时，膨胀可以忽略不计；大于 0.8t/min 时实际上已不存在膨胀问题。

从单位骤冷因数的公式中，又可看出焦炭塔生焦一定时，若水冷时间短，单位骤冷因数也小，膨胀也严重。为此，焦炭塔的给水时间不能为图快而任意缩短。

生产实践证明，骤冷周期中的危险阶段是在给水后的半小时内，而且经常在锥体和向筒体衔接以上 1.8～2.4m 段，这个经验也告诉我们给水初期不要速度太快的道理。

4.2.2.5　正常生产维护

（1）注意平稳操作

一般情况下，每塔切换的 1.5～2h 左右全装置都基本处于平稳操作，各处指标均在规定的范围内。就是在这种平稳情况下我们要看到不平稳的因素，估计可能会出现的问题。

（2）渗漏检查

生产中有这样一种体会，焦炭塔底盖在试压、预热、切换时不漏油，而快到换前6~7h便开始漏油了，大庆渣油这种现象更多，因此不能认为底盖开始不漏就太平无事。要加强巡回检查，发现轻微漏油着火，用蒸汽带掩护扑灭；如果着火较大，就要采取紧急措施。若新塔已预热到接近换塔温度着火时就立即提前切换四通阀，老塔吹汽也就不再漏油着火了。若新塔温度较低，可切换四通阀到侧部循环快速预热再切换四通阀到底部进料；若没有新塔可切换的情况下（冷焦、放水、除焦等），按紧急停工停炉处理。

（3）及时掌握塔内动态

用中子料位计或伽马射线料位计观察生焦速度、泡沫层高度。如果没有这种仪表，可以粗略根据生焦时间、日处理量、焦炭产率、焦高和炉温等进行全面生产分析，目的是防止焦炭塔冲塔。

（4）焦炭塔的冲塔

冲塔就是指焦在成焦后期把泡沫层携带到顶部跑到分馏塔底。冲塔是焦化生产最忌讳的事，也是焦炭塔塔顶油气大管线、瓦斯管线和炉管结焦的主要原因。冲塔现象表现为：

① 焦炭塔塔顶压力突然以锯齿形升高，忽大忽小，波动不稳。说明塔内泡沫层上升到油气出口管，阻力增加，而且是高低起伏不断变化。

② 分馏塔塔底液面升高，温度升高，各点温度普遍上升，说明焦炭塔把泡沫层冲入分馏塔塔底，使油气来量及温度同时增加而引起的。

冲塔多数情况下发生在生焦后期，即换塔前2~4h左右。预防和处理办法是：

① 在换塔前2~4h内，把炉出口温度适当提高一点，使焦化反应加深，中间产物减少，降低泡沫层。

② 控制好生焦时间和处理量的比例关系，特别是满负荷生产时更要注意。

104

③ 新塔预热要抓紧，发现冲塔后以便及时换塔。

④ 有中子料位计或伽马射线料位计的应当投入使用，有利生产，方便操作。

4.2.3 焦炭塔的简单工艺计算

4.2.3.1 体积计算

（1）锥体部分

锥体部分可分三部分计算，如图 4-2-5 所示。

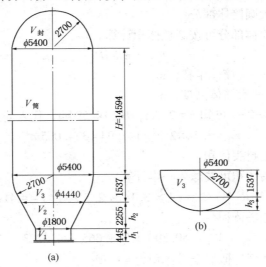

图 4-2-5 锥体体积计算示意

（a）全塔体积；（b）缩口体积

① 下口筒体积 V_1 的计算

$$V_1 = \pi r_1^2 h_1$$

式中　　r_1——小筒体半径，m；

　　　　h_1——小筒高，m。

② 下口圆锥台体内筒体积 V_2 的计算

$$V_2 = \pi h_2 (r_1^2 + r_1 r_2 + r_2^2) / 3$$

式中　　r_1，r_2——圆锥台下端、上端半径，m；

　　　　h_2——圆锥台高，m。

105

③ 下口圆球台体内筒体积 V_3 的计算

$$V_3 = (4\pi R^3/3)/2 - \pi h_3^2(R - h_3/3)$$

式中　R——圆球体半径，m；

　　　h_3——图 4-2-5 中球缺的高，m。

从图 4-2-5 可知 $R = 2.7$m，$r_1 = 0.9$m，$r_2 = 2.22$m，$h_1 = 0.445$m，$h_2 = 2.255$m，$h_3 = 1.163$m，代入公式得

$V_锥 = V_1 + V_2 + V_3 = 1.132 + 18.270 + 31.398 = 50.800\text{m}^3$

（2）大圆筒体部分

大圆筒体部分可按圆柱体积计算。

$$V_筒 = \pi R^2 H$$

式中　R——大筒体半径，m；

　　　H——大筒体高度，m。

从图 4-2-5 可知 $R = 2.7$m，$H = 14.594$m，代入公式得

$V_筒 = 3.14 \times 2.7^2 \times 14.594 = 334.065\text{m}^3$

（3）上封头体积

上封头体积可按球体一半计算：

$V_封 = (4\pi R^3/3)/2 = (4 \times 3.14 \times 2.7^3/3)/2 == 41.203\text{m}^3$

（4）全塔体积

$V_全 = V_锥 + V_筒 + V_封 = 50.800 + 334.065 + 41.203 = 426.068\text{m}^3$

一般计算近似取全塔体积为 430m^3。

4.2.3.2　生焦速度计算

以某厂两炉四塔延迟焦化装置为例，其生焦速度计算示意见图 4-2-6。

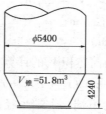

图 4-2-6　生焦速度计算示意图

已知：焦炭堆密度 $\rho = 0.84\text{t/m}^3$，处理量 $G = 2500\text{t/d}$，焦炭收率16%，生焦24h。

计算：① 每小时生焦的体积

$$V_{生} = (0.16G)/(24 \times 2\rho) = (0.16 \times 2500)/(24 \times 2 \times 0.84) = 9.93\text{m}^3/\text{h}$$

② 在塔内的生焦速度

$$v_{生} = V_{生}/F = 9.93/(3.14 \times 2.7^2) = 0.434\text{m/h}$$

③ 在锥体的生焦时间

$$t_{锥} = V_{锥}/V_{生} = 51.8/9.93 = 5.2\text{h}$$

④ 每天在筒体内生焦高度

$$H_{筒} = 0.434 \times (24-5.2) = 8.1\text{m}$$

⑤ 总计生焦高度的计算

$$H_{总} = H_{筒} + H_{锥} = 8.1 + 4.24 = 13.34\text{m}$$

4.2.3.3 泡沫层高度的计算

在焦炭塔容积和生焦速度计算基础上，进行泡沫高度的计算就容易了。

泡沫层高度的计算方法一般有两种，一是根据钻60安装位置和泡沫层（或焦层）分别达到该点的时间、仪表记录曲线计算；二是根据一定的操作条件来推算。

（1）曲线计算法

以某石油化工厂为例，它的伽马射线液位计分别装在焦炭塔的16.06m和12.56m两处，如图4-2-7所示。

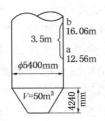

图4-2-7　泡沫层高度计算示意图

加工胜利减压渣油时，泡沫层有三种曲线形式，如图4-2-8

至图 4-2-10 所示。

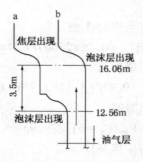

图 4-2-8　第一种曲线

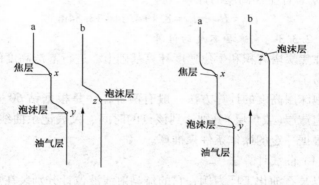

图 4-2-9　第二种曲线　　图 4-2-10　第三种曲线

　　曲线 a、b 为伽马射线液位计在 12.56m 和 16.06m 出现泡沫层、焦层的记录曲线。因为，泡沫层、焦层的密度不同，对伽马射线吸收能力也不相同，所以就出现 a、b 两种形式的曲线。

　　第一种曲线的特点是焦层和泡沫层同时在 16.06m 的位置上出现，见图 4-2-8，显然泡沫层的高度为 16.06－12.56＝3.5m。

　　第二种曲线的特点是泡沫层在 12.56m 钻位置上出现后经过一段时间又在 16.06m 位置出现。显然，这种曲线说明泡沫层比较高，见图 4-2-9。计算公式：

泡沫层高度＝3.5＋时间差×生焦速度

式中 3.5——两个伽马射线液位计的距离，m；

时间差——指泡沫层在 y、z 两点出现的时间间隔（比如，泡沫层上午8点钟在 y 点出现，12点在 z 点出现，那么时间差是4h），h；

生焦速度——前面计算中可知为 0.434m/h，为计算方便常取0.5m/h。

计算结果泡沫层高：

$$H_{泡} = 3.5 + (12-8) \times 0.5 = 5.5m$$

第三种曲线的特点是泡沫层、焦层都先在 12.56m 液位计位置出现泡沫层。显然，这种曲线说明泡沫层最低，见图4-2-10。计算公式：

$$泡沫层高度 = 3.5 - 时间差 \times 生焦速度(m)$$

如时间差取 0.5h，生焦速度取 0.5m/h，则：

$$H_{泡} = 3.5 - 0.5 \times 0.5 = 3.25 m$$

（2）推算法

泡沫层推算法一般要先知道：

成焦时间（$t_{生}$）   假设：$t_{生} = 24h$

焦高（$h_{焦}$） $h_{焦} = 10.7m$

锥体体积（$V_{锥}$） $V_{锥} = 55m^3$

锥体高度（$h_{锥}$） $h_{锥} = 4.24m$

泡沫层过某一点钻60的时间（t）$t = 19h$

焦炭塔内径（R） $R = 2.7m$。

求：圆筒体生焦速度 $v_{筒}$ 和泡沫层高度 $H_{泡}$

解：① 筒体生焦高度

$$H_{筒} = h_{焦} - h_{锥} = 10.7 - 4.24 = 6.46 m$$

② 筒体生焦容积

$$V_{筒} = \pi R^2 H_{筒} = 3.14 \times 2.7^2 \times 6.46 = 148 m^3$$

③ 总的生焦容积

$$V_{总} = V_{筒} + V_{锥} = 148 + 55 = 203 m^3$$

④ 单位时间内生焦容积

$$V_生 = V_总/24 = 203/24 = 8.4 \ \text{m}^3/\text{h}$$

⑤ 圆筒体生焦速度

$$v_筒 = V_生/22.9 = 8.4/22.9 = 0.36 \ \text{m/h}$$

（22.9 为圆筒体一米体积数，m^3/m 高。）

⑥ 锥体生焦时间

$$t_锥 = V_锥/V_生 = 55/8.4 = 6.5 \ \text{h}$$

⑦ 经过 19h 泡沫层到达 16.06m 的圆筒体焦高

$$h = v_筒(t - t_锥) = 0.36 \times (19 - 6.5) = 4.5 \ \text{m}$$

⑧ 泡沫层高

$$H_泡 = 16.06 - h - h_锥 = 16.06 - 4.5 - 4.24 = 7.32 \ \text{m}$$

4.2.3.4 焦炭塔内的线速度计算

焦炭塔内的线速度计算一般是在物料平衡和已知油气体积流量基础上采用公式

$$W = V_体/3600\pi R^2 \quad \text{m/s}$$

式中　　$V_体$——油汽的体积流量，m^3/h；

R——塔直径，m。

$$V_体 = [(\sum G_组/M_组) \times 22.4]/3600 \times [(t+273)/273] \times P_0/P \quad \text{m}^3/\text{s}$$

式中　　$G_组$——油所中的汽油、柴油、蜡油、循环油、水汽的质量流量，kg/h；

$M_组$——上述各组分的相对分子质量、焦化产品的相对分子质量（气体 $M=32$，汽油 $M=115$，柴油 $M=210$，蜡油 $M=365$，循环油 $M=420$，水蒸气 $M=18$）；

t——焦炭塔塔顶气相温度，约 430~435℃；

P_0——标准状态下的压力，0.1MPa；

P——焦炭塔操作压力，2.0MPa；

22.4——摩尔体积，L/mol。

通过焦炭塔内线速的核算，看是否合理，在规定的线速下可以尽量加大处理量。

110

4.2.4 焦炭塔的辅助设备

这里主要介绍高温四通旋塞阀和气动阻焦阀。

4.2.4.1 高温四通旋塞阀

高温四通旋塞阀(简称四通阀),是由铬、钼(Cr、Mo)合金阀体和旋塞配合而成。在旋塞的锥面上开有类似弯头形状的通道;旋塞在阀体中既可固定又可旋转,和阀体四个方向的开口对应与外面管线相接,借用旋塞在阀中所处位置不同而使加热炉来的物料有不同的去向。两个出口分别去两个焦炭塔,一个出口可去放空或侧部进料供开工循环用,还有一个切断位置,即死点,为操作方便在手轮上标有去向的箭头。

四通阀工艺流程去向如图 4-2-11 所示。

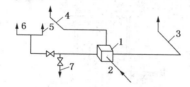

图 4-2-11 四通阀工艺流程去向

1—四通阀;2—加热炉来油管;3,4—去焦炭塔;
5,6—去阻焦阀(开工线);7—去放空

(1)国外高温四通旋塞阀

国外高温四通旋塞阀外形如图 4-2-12 所示,结构原理见图

图 4-2-12 国外高温四通旋塞阀外形图

4-2-13。阀的主要组件有：阀体、阀盖、阀塞和阀杆、填料、阀体和填料蒸汽吹扫、2个执行机构（电动、液压、气动）等。阀旋塞与阀座之间采用金属硬密封。当需要切换时，操作升降执行机构提升阀芯，使阀芯与阀座脱离后，再操作旋转执行机构驱动阀芯旋转至指定位置，然后再操作升降执行机构将阀芯压紧到阀座上。

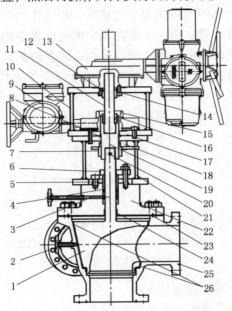

图4-2-13　国外四通旋塞阀结构示意图

1—阀旋塞；2—阀体吹扫；3—填料吹扫；4—填料；5—填料套；6—填料压盖；7—止动螺栓；8—垫圈；9—执行器；10—阀支架；11—阀杆；12—阀杆套；13—执行器；14—螺钉；15—套管；16—螺母；17—销；18—止动螺栓；19—联接螺母；20—销；21—联接体；22—阀盖；23—垫片；24—阀杆套；25—阀体；26—阀体密封

（2）洛阳涧光国产高温四通旋塞阀

国产高温四通旋塞阀外形如图4-2-14所示；结构原理见图4-2-15。阀的主要组件有：气动执行机构、阀体、阀芯、阀门冲洗系统、阀门控制系统等。当需要切换时，操作气控阀1使气

112

缸活塞提升阀芯，当阀芯与阀座（阀体）脱离后，操作气控阀2使气马达驱动阀芯旋转；当转至指定位置时，操作气控阀2使气马达停止转动，再操作气控阀1通过气缸活塞动作使阀芯压紧阀座（阀体）。其中气动控制见图4-2-16。

图4-2-14　国产高温四通旋塞阀

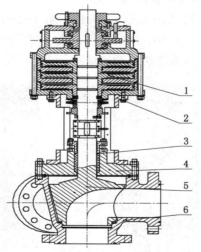

图4-2-15　国产四通旋塞阀外形结构图

1—执行机构；2—支架；3—填料；4—阀盖；5—阀芯；6—阀体

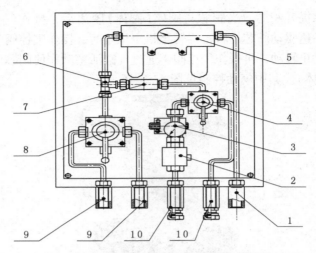

图 4-2-16　国产四通旋塞阀气动控制柜图

1—进气口；2—快排阀；3—调压阀；4—二位四通阀；5—气源三联件；
6—三通接头；7—单向阀；7—单向阀；8—三位四通阀；9—气马达接口；10—气缸接口

4.2.4.2　两通隔断球阀

两通隔断球阀结构如图 4-2-17、图 4-2-18 所示，主要由执行机构、阀体、阀球、阀门吹扫系统、阀门控制系统组成。阀门密封形式、自控系统类似四通球阀。

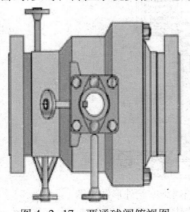

图 4-2-17　两通球阀俯视图

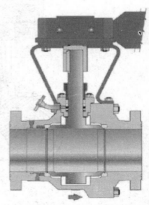

图 4-2-18　两通球阀剖视图

114

两通隔断球阀特点：

① 全通径，高 Cv 值，低压降；

② 高强度设计，专门针对延迟焦化工况；

③ 球与阀杆一体化设计；

④ 密封严密；

⑤ 带蒸汽吹扫防结焦(共有四个吹扫口)；

⑥ 所有部件均可更换，维修方便，使用成本低。

4.3 分馏塔

4.3.1 分馏塔的作用及分馏原理

(1) 分馏塔的作用

延迟焦化装置的分馏塔有分馏和换热两个作用。

① 分馏作用

分馏塔的分馏作用是把焦炭塔顶来的高温油气中所含的汽油(含焦化气)、柴油、蜡油及部分循环油，按其组分的挥发度不同切割成不同沸点范围的石油产品。

② 换热作用

原料油(减压渣油)在分馏塔底与高温油气换热后，温度可达 385~390℃或以上。好处是提高全装置的热利用率和减轻加热炉辐射室的热负荷。

(2) 简单的分馏原理

分馏是石油化工最常用的分离混合物的方法之一。分馏的依据是混合物中各个组分具有不同的沸点，挥发度不同。换句话说，焦炭塔顶的油气混合物，因其各组分的挥发度(沸点)不同，蒸气压不同，可按其冷凝点的由高到低与不同范围，分别得到循环油、柴油、汽油、和气体(瓦斯)。

所以，分馏过程的实质，就是把混合液体加热进行多次汽化，得到的混合气体再进行多次冷凝，最后在气相中得到较高浓度的轻组分(低沸点)，在液相中得到较高浓度的重组分(高沸点)。

液体汽化要吸收热量，气体冷凝要放出热量，为了合理地利用热量，可以把液体的汽化与气体的冷凝在同一个界面上完成，而且尽可能达到平衡状态。所谓平衡状态就是热量交换和组分转移完全，即平衡时气相温度等于液相温度，气液两相的相对量保持不变。

因此，分馏过程的进行要有以下必备条件：

① 气相温度高于液相温度。

② 液相中低沸点组分的浓度应高于与油气成平衡的浓度，气相中高沸点组分的浓度也应高于其液相成平衡的浓度。

③ 具有气液两相进行充分接触的地方。

在分馏塔里每层塔板上都有气液两相接触，进行传热传质，以完成分馏的目的。想得到纯度很高的组分，靠一层或几层塔板是不行的，必须有若干层塔板来承担。所以，一个分馏塔很高、塔板很多就是这个道理。

4.3.2　分馏塔板的负荷分析

在分馏塔的每层塔板上都有气液两相，不但要求充分接触，而且还要求气液两相负荷要适当，哪一个过大或过小都不好，分五种情况进行分析。

（1）气相负荷过大

气相负荷加大，气速增加，气体和液体在塔板上的接触搅拌加剧，泡沫上升，气体夹带许多液滴进入上层塔板，产生雾沫夹带，将会大大降低分馏塔的分离效果。当气体中夹带的液体量超过 10% 时，塔板上的正常操作已被破坏，难起分馏作用了。这往往是由于处理量、回流量过大或者原料带水而引起的。

（2）液相负荷过大

液体从进口堰板进入塔板，在塔板上与气体充分接触后横过塔板而进入溢流管落到下层塔板上。液体在溢流管里要有足够的停留沉降时间，才能使气体全部离开液层上升到上层塔板。液相负荷过大时，液体在溢流管的流速加大，来不及充分沉降，就可能把气体一同携带到下层塔板，也同样降低了分离效果。为此，在分馏塔设计时，一般溢流管的流速都不超过 0.12m/s，目的就是为了保证分离效果。

（3）气、液负荷都大

从水力学知道，溢流管的液高 $H_{液}$ 方程式如下：

$$H_{液} = \Delta P_{板} + h_1 + h_2 + h_{堰}$$

式中　$\Delta P_{板}$——塔板压力下降，毫米液柱；

$\quad\quad h_2$——液体通过溢流管时阻力，毫米液柱；

$\quad\quad h_1$——出口堰上的液层高度，毫米液柱；

$\quad\quad h_{堰}$——塔板出口堰板高度，毫米液柱。

塔板压力降 $\Delta P_{板}$ 与阀重、阀孔气速、液体层高度有关。当气相负荷增加时，阀孔气速加大，塔板压力降 $\Delta P_{板}$ 也增加，同时，液相负荷加大时，气体穿过液层阻力增加，$\Delta P_{板}$ 也增加，同时 h_1、h_2 增加。从方程式中知道，$\Delta P_{板}$、h_1、h_2 增加，$H_{板}$ 大大增加。当两相负荷都增加过多时，$H_{液}$ 超过了溢流管的高度，这就形成两层塔板上的液相连成一片，叫做"淹塔"，也称"液泛"。出现"液泛"将大大降低分馏效果。设计中常以 $H_{液} \leqslant 0.5 H_{板}$ 为标准（$H_{板}$ 为塔板间距）。

（4）气相负荷过小

处理量太小时，塔内气速很低，液相在重力作用下，从阀孔下流而不与气相接触进行传质传热，这叫"漏液"。同样也达不到分馏的目的。

（5）液相负荷太小

回流中断时液相负荷太小，气相直接穿过塔板，叫做"干板"。同样降低塔板效率，破坏分馏效果。

4.3.3　塔内回流及气液相负荷的分布

塔内回流的作用在于维持塔内的各点热平衡，建立起分馏的必要条件。

焦化分馏塔与其他炼油装置分馏塔一样，有塔顶回流和中段循环回流。

（1）塔顶回流

分馏过程和简单原理告诉我们，越往塔顶气相负荷就越大。

其原因是：

① 越往塔顶温度越低，所需取走的热量越大，需要的回流量也就越大；

② 越往塔顶油品的组成越轻，汽化每单位的油品所需热量就越小，所以，越往塔顶内回流量越大，故气相负荷越大。为了保证产品质量，一般在分馏塔顶部设有回流。

（2）中段循环回流

焦化分馏塔里的热量，是靠塔顶回流、中段循环回流及其产品带出而保持平衡的。如果只有产品和塔顶回流带出热量，这样操作会不平稳、不经济，热量亦无法回收。

图4-3-1中实线为打中段回流时的负荷，虚线是不打中段回流的负荷。从该图中可以看出，有了中段回流，塔内的热量从中部取走一部分，大大减少了塔的上部回流量，使塔内的气相负荷分布比较均匀，相同处理量下的分馏塔直径可大大缩小。同时因中段回流温度高，热量便于回收利用，方便操作，节约投资费用。

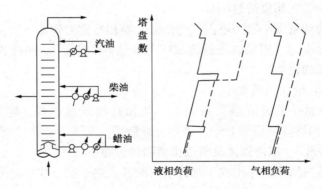

图4-3-1　气液相负荷分布对比

在有中段回流的情况下，由于中段回流取走部分热量，使整个塔的最大气相（或液相）负荷不一定在塔顶第一块板下，而可能转移到中段回流抽出板下。

118

中段回流是靠油品温度不同的显热变化来取走热量，所以回流量要大。这种回流是从塔某层用泵抽出经过换热后又送入塔的上面几层塔盘上。当它在进口塔盘往下流动时就和上升的油气换热，一般相隔 3~4 层塔盘，只能使气相中的重质组分冷凝，实际上起不到精馏作用，回流入口以上的塔盘液相负荷明显减少，分馏效果变差，塔盘效率降低，所以要用两分法来正确处理，在设计中要适当地考虑，合理采用中段回流。

延迟焦化分馏塔由于受到焦炭周期产生的影响，给操作带来一定的困难，同时要求分馏塔有较大的弹性。另外，焦化分馏塔是气相进料，热量相当充足，为了有效利用这些热量，在分馏塔下半段增加了原料油预热。油气中的重组分被冷凝一部分进入塔底，成为焦化加热炉、焦炭塔的原料油，这部分油又叫循环油。

4.3.4 焦化分馏塔的结构

分馏塔的结构如图 4-3-2 所示。分馏塔集油箱上 28 层为 F-1 型浮阀塔盘，每个浮阀重 32g，集油箱下 3 层塔盘为浮阀，最下 3 层为舌型塔盘；中间溢流共 16 层，每层 1348 个浮阀，侧线溢流共 15 层，每层 1338 个，全塔共 41638 个浮阀；塔体人孔未表示出来。

焦化分馏塔是一个筒体，壁厚为 12mm。用 G3 钢板卷压焊接而成，内有合金衬里 3mm，顶部和底部为半球型封头，内装若干层塔盘，为气、液两相接触的地方，塔盘的型式各厂焦化装置不同，延迟焦化分馏塔多用浮阀盘，以利用操作弹性大的优点。在塔顶、塔侧和塔底有抽出或回流口，并有为方便检修操作的平台、走梯和人孔等。

分馏塔里关键部件是筒体和塔盘。在每一层塔盘有堰板、溢流管，保证液体有一定的高度和流向。分馏塔盘在我国常见的是：泡帽塔盘、槽型塔盘、S 型塔盘、舌型塔盘、浮阀塔盘、筛板塔盘、筛板-浮阀塔盘和浮动喷射塔盘等。目前焦化分馏塔多用浮阀和舌型两种塔盘，故以此作简单介绍。

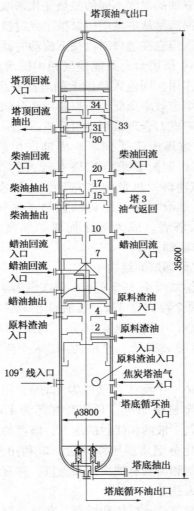

塔顶油气出口

塔顶回流
入口

塔顶回流
抽出

34
33
31
30

柴油回流
入口

柴油回流
入口

20

柴油抽出

17
15

塔 3
油气返回

柴油抽出

10

蜡油回流
入口

蜡油回流
入口

7

蜡油抽出

原料渣油
入口

4

原料渣油
入口

2

原料渣油

入口

109°线入口

原料渣油入口
焦炭塔油气
入口

φ3800

塔底循环油
入口

塔底抽出

塔底循环油出口

35600

图 4-3-2　分馏塔结构

（1）舌型塔盘

舌型塔盘如图 4-3-3 所示。舌型塔盘顾名思义是在塔盘上有许多的舌片，是用钢板冲压出半开的舌孔，而舌孔翘起来的舌片与塔盘形成 20°角。在这种塔盘上，气体从下通过舌孔斜向经舌缝射出塔盘。而与塔盘上的液相呈搅拌状态进行换热传质后离开塔盘上升，同时塔盘上的液体与气体喷射方向相同，横过塔板进入溢流堰。在这种塔板上一般不设出口堰，因为气体快速喷射液体没有清液层存在。舌孔排列采用三角形，中心距一般为 65mm。

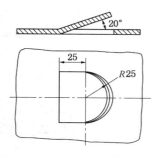

图 4-3-3 舌型塔盘

从水力学角度来看，液体与气体是相同方向流动，塔板的阻力小，压力降低，一般在 20~50mm 水柱，雾沫夹带少，允许气速很高，处理能力大约为泡帽板的 1.5 倍。这种塔板结构简单，制造费用低，耗钢材量少。

事物总是一分为二的，在气体负荷很小的时候，液体可能从舌孔漏到下一层塔板（泄漏），效率自然要降低，况且在每层塔板上阻力小，每个舌孔的气体分配就不可能均匀，操作的弹性受到限制。为此，有的装置舌型塔板在小处理量情况下采用堵孔就是这个道理。

焦化分馏塔一般在集油箱以下选用舌型塔板为宜，避免油气携带焦粉泡沫层堵塞。

（2）浮阀塔盘

浮阀塔板是综合泡帽塔板和舌型塔板优点的基础上而产生的，如图 4-3-4 所示。

浮阀塔板是在塔板上开许多圆孔，每个孔安装一个特制的带有三条腿的阀片，气体上升顶起阀片而穿过孔道向水平方向射出，通过液体层，气体在液体中形成鼓泡状态进行传质与换热。当气速大时阀片开度也大，气速小时，阀片下落而开度小，液体由位差横过塔板溢流管去下层塔板，为保证每层塔板上有清液层而设有出口堰。由于浮阀塔板的阀片能随气体负荷变化而自动开

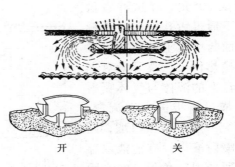

开　　　　　关

图4-3-4　浮阀塔盘工作情况

关，减少泄漏，所以具有效率高、弹性大、结构简单等优点。

从水力学观点看，每层塔板阻力比舌型塔板稍大。不足之处是阀片容易卡住、锈住或粘住，这样也就降低了自由开度的优点，检修中都要认真检查阀片是否灵活。此外，气体负荷大时存在阀片被吹走的危险。

选择塔板主要依据是：

① 效率高，可以减少塔板数，降低分馏塔的总高。

② 允许的气液负荷大，相同塔内径处理能力大或相同处理能力时可缩小塔径。

③ 操作弹性大，即在气液负荷发生较大变化时仍能高效率操作。

④ 造价低，省钢材，耐用。

⑤ 操作和检修方便。

各种塔板指标的比较见表4-3-1。

4.3.5　分馏塔的正常操作

延迟焦化装置的分馏塔不但出液体产品，也是原料预热的地方，所以说它掌握着整个装置的物料平衡和液体产品的质量。它的操作哪怕发生微小的波动都会给整个装置操作带来影响。

分馏塔操作的主要矛盾是抓住"全塔物料平衡和热量平衡"，而"物料平衡和热量平衡"又是受焦炭塔周期性生产支配影响的。

延迟焦化操作虽然受焦炭塔周期性生产的影响，但只要操作人员认真掌握这些周期性变化规律，仍然是可以做到平稳操作的。

表 4-3-1　各种塔板指标比较

塔板型式	相对处理能力	相对效率（负荷为允许的85%）	稳定工作范围（允许最大与最小负荷比值）	塔板压力降/mm 水柱[①]	相对钢材消耗	
					碳钢	合金钢
泡帽	1	1	3~4	70~100	1	1.4
S 型	1.2	1	2.0~2.5	70~100	0.6	1
浮阀	1.2	1~1.1	3.5	50~80	0.65	1
舌型	1.2~1.4	0.8~0.9	2.0~2.5	20~50	0.5	0.85
浮动喷射	1.2~1.4	0.8~0.9	3.5	15~40	0.5	—

① 1mm 水柱 = 9.81Pa。

分馏塔操作水平表现在产品质量好，收率高上，并要摆正质量和数量的关系，既不能追求数量多，收率高而不顾产品的质量指标，也不能为了求得质量全优而把收率压得很低。

分馏塔岗位的操作要想平稳，首先是分馏塔的各进料量（原料量、油气量、回流量）和各进料的温度要平稳，这要靠加热炉和焦炭塔操作来保证；分馏塔的塔顶压力是靠压缩机平稳操作来保证的。因此，必须做好各部分的温度和抽出量、回流量和液面的控制。从图 4-3-1 知道抽出量的大小影响塔盘上的液体负荷，回流量的大小首先影响热量分布，随之气液相负荷也发生变化。

当温度不变而压力高时，油品的汽化速度减慢，压力降低时汽化速度加快；当压力不变时，温度降低油品的汽化速度减慢，反之则加快，常见的温度、压力波动必然影响液面变化。分馏塔的具体操作分述如下。

（1）分馏塔顶温度控制

分馏塔顶温度设计是根据塔顶产品露点计算的，而在平稳操作中是根据汽油的干点调节控制的。汽油干点高，则分馏塔顶温度高；反过来，分馏塔顶温度高了，汽油干点必然会高。塔顶温度用塔顶回流量来控制，保证汽油的干点合格。影响分馏塔顶温度的因素有：油气进口温度和油气量的变化；原料性质变化；顶循环回流量、回流温度的变化，回流量减少，回流温度升高，顶温升高；系统压力的变化，塔顶压力降低，顶温升高；炉注汽量的变化，注气量增加，顶温升高；柴油抽出量的变化；柴油回流量和温度的变化；焦炭塔换塔、预热、升温；仪表失灵。

相应的控制方法有：联系调度，平稳原料性质变化；减少油气进口温度和油气量的操作波动；根据回流温度的变化，及时启动或停用风机；消除影响系统压力的因素，调节好气压机转速，保证压力平衡；平稳炉管注汽量；保证柴油抽出量平稳；调整好柴油回流量和温度；焦炭塔预热、升温、换塔时要及时调整分馏塔操作；仪表自动改手动或副线，联系仪表工处理。

（2）预热（蒸发）及塔底温度的控制

预热和塔底温度的控制有两种不同的调节控制方案。有的厂采用预热温度不变，保证循环比一定；有的厂采用控制塔底温度不变，预热温度可变而循环比跟随变化。控制预热温度不变时，裂化原料集油箱上液体组成不变，裂化原料性质稳定，循环比不变进炉原料性质稳定，有利于加热炉的长周期运转。由于预热温度控制而引起分馏塔温度变化，这时可采用加热炉的进料量改变来保证炉出口的温度。控制塔底温度不变的方法是调节几个进料口位置的量来实现的。对加热炉而言，进料量和温度不变，有利于平稳操作，但是进料性质会因循环比的变化而变化。

影响预热温度的因素有：油气进口温度和油气量的变化；裂化原料回流量及回流量温度的变化；进料口上下处油量分配的变化；原料及裂化原料回流带水；集油箱液面波动大；各部抽出量的变化等。

由此可知，预热温度上限受到循环比下限和裂化原料油残炭上限的限制。而分馏塔底温度上限受到分馏塔底油在塔底结焦的限制，下限受到加热炉对流出口温度和循环比下限的限制。如果塔底温度过低，会影响整个塔的热平衡。一般塔底温度是通过控制换热段温度来实现的。

影响分馏塔底温度的因素有：加热炉对流出口温度变化；油气温度及量的变化；原料进口上下分配量的变化；冷料或热料温度变化等。

对应的控制方法有：与调度联系，平稳原料进料量，确保原料温度，加强原料脱水，根据原料性质进行相应的调整操作；调整上下进料量的分配；调整好换热段的温度；用急冷油控制好油气温度；查明加热炉进料量变化原因，平稳流量；控制好入塔换热终温。

（3）分馏塔底液面控制

控制好分馏塔底液面是充分保证加热炉进料正常的需要，也是焦化分馏塔操作的关键。它波动的大小也是焦化操作平稳的重要标志。因此分馏塔底液面采用串级调节控制原料量来实现的，液面低时，对流进料增加，这要受到原料泵排量的限制；反之，液面高时，对流进料减少，这要受到对流炉管温度过高而结焦的限制。所以一般不允许液面大幅度波动，常控制在 70%～80% 的位置上。

影响分馏塔底液面的因素有：焦炭塔预热切换后油气温度和油气量的变化；原料泵抽空（换泵或原料带水）；塔底串汽；集油箱溢流；焦炭塔冲塔；预热段温度变化；塔内压力、回流及抽出量的变化；仪表失灵等。

对应的控制方法有：换塔时及时调整操作；启用备用泵，及时联系检修；查明串汽原因；加大抽出量；及时调整缓冲罐液面；及时处理焦炭塔冲塔，液面超高时可紧急外甩；按正常指标，及时调整分馏塔各项控制参数；控制好原料入塔两路流量的分配；联系仪表工修理。

（4）集油箱液面

一般分蜡油、重蜡油集油箱，两者液面都是通过控制出装置流量来调节的。影响集油箱液面的因素有：集油箱的泵抽空或停车；蒸发温度变化；上段抽出量、回流及温度变化；仪表失灵等。

对应的控制方法有：启用备用泵，联系检修修理；调节好原料进料量的分配，确保换热段温度正常；调节好回流量及回流温度；联系仪表工修理。

4.3.6 产品及半产品质量控制

从前面谈到质量和数量的关系中看出，要得到高质量高收率的产品，就要使馏分之间分割清楚，汽油与柴油、柴油与蜡油之间都要分割清楚，否则就会降低收率，很不经济。

油品蒸馏分割效果好坏，一般以油品蒸馏曲线的脱空、重叠两个概念加以说明。如果上一个馏分干点低于下一馏分的初馏点，这两点的温度差值称为该两馏分的脱空，如图4-3-5所示。如果上一个馏分的干点高于下一馏分的初馏点，这两点的温度差称为该两馏分的重叠，如图4-3-6所示。

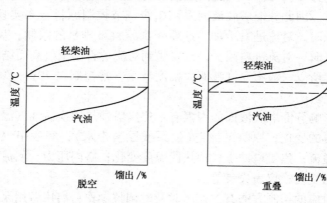

图4-3-5　两馏分的脱空　　　图4-3-6　两馏分的重叠

延迟焦化的液体产品都要经过再加工才做成品，所以分馏的精确度就可比其他加工装置低些，馏分范围宽些，产品质量调节的幅度也大些。

（1）焦化汽油干点控制

分馏塔顶温度的控制是根据汽油干点来控制的。对焦化汽油干点的要求一般在180～205℃间变化，所以，塔顶温度一般在100～125℃。除此而外，系统压力上升或下降也会影响汽油干点的下降或升高，操作中要灵活调节。

（2）柴油干点控制

柴油干点控制是用柴油抽出量大小来调节的。各厂因柴油的再次加工方法不一样，所要求的干点范围也不完全相同，一般是控制 320~340℃。抽出量大，干点高，反之则干点低。操作时根据已经变化了的处理量、循环比、炉温、焦炭塔生产状态、各部温度、压力等诸因素，要看准了再调。如果其他情况平稳时，汽油干点控制过高，也会影响柴油干点偏高。

（3）蜡油残炭控制

一般蜡油控制残炭不大于 0.3%。残炭除与抽出量有关外，还与塔底温度、预热段温度的高低有关。当塔底液面太高时，蜡油残炭会增加。蜡油残炭是用循环比和预热段温度来控制的。

另外，我们还应注意分馏塔操作中容易出现的一些问题：

① 各回流突然中断，热量无法取走，轻则在塔顶同时出现汽油和柴油混合馏分，重则塔顶冒黑油，这种现象叫冲塔。这时塔内液相急骤汽化，塔的液面迅速下降，严重时可能使加热炉进料泵抽空。

② 分馏塔底液面太高，液面淹没了油气进口，也容易使蜡油带黑油。

③ 分馏塔的压力突然下降很大，造成汽化量加大，容易使产品质量不合格。

④ 原料带水、气相负荷增加，携带严重，压力上涨。

⑤ 原料泵抽空造成原料中断，塔底液面会下降，容易造成加热炉进料泵抽空，这时应果断处理，常用加大循环比、降低炉进料或开泵补充冷料等方法。

⑥ 塔底循环泵长期不运转，容易造成焦粉沉淀结焦，除严格控制塔底温度不大于 395℃外，还要杜绝焦炭塔冲塔。

4.3.7　分馏塔的简单工艺计算

分馏塔的物料平衡计算是计算分馏塔热平衡、气液相负荷及各回流量的前提，而且也是全装置物料平衡的主要部分，现列举如下(工艺计算数据见图 4-3-7)。

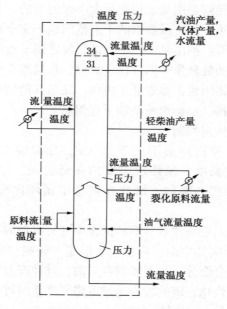

图 4-3-7 工艺计算数据图示

（1）全装置物料平衡的计算

　　　原料＝焦炭＋甩油＋损失＋汽油＋柴油＋蜡油＋气体

或者

原料＋注水＝焦炭＋甩油＋损失＋汽油＋柴油＋蜡油＋气体＋脱水

（2）分馏塔物料平衡的计算

　　进入分馏塔的全部物料等于离开分馏塔的全部物料，即

原料＋油气＝加热炉进料总和＋柴油＋蜡油＋汽油＋气体＋注水

　　　　油气＝注水＋气体＋汽油＋柴油＋蜡油＋循环油

　　或　　　　　油气＝注水＋循环＋原料－焦炭

　　其中　　　　　循环油＝原料×循环比

　　所以　　油气＝注水＋原料×(1＋循环比)－焦炭

128

（3）分馏塔的热平衡计算

在分馏塔里，带入热量＝带出热量+损失的热量。

而带出热量中有产品带出热量和回流取热之和，这一步各流量、温度为已知，只求热焓。

全塔回流取热：

$$Q_{总} = Q_{顶} + Q_{柴} + Q_{蜡}$$

式中　$Q_{总}$——总回流取走的热量，kJ/h；

　　　$Q_{顶}$——塔顶回流取走的热量，kJ/h；

　　　$Q_{柴}$——柴油回流取走的热量，kJ/h；

　　　$Q_{蜡}$——蜡油回流取走的热量，kJ/h。

而总回流中，各回流取热所占比例 $Q_{回流}/Q_{总}×100\%$ 叫做回流热分配：

$$Q_{顶} = G_{顶}(q^t_{出顶} - q^t_{入顶})$$

$$Q_{柴} = G_{柴}(q^t_{出顶} - q^t_{入蜡})$$

$$Q_{蜡} = G_{蜡}(q^t_{出蜡} - q^t_{入蜡})$$

式中　$G_{顶}$、$G_{柴}$、$G_{蜡}$——塔顶、柴油、蜡油回流量，kg/h。

（4）分馏塔的气体负荷计算

目的是为了通过各截面上气体负荷计算找到最大的气体负荷处的气速，看是否还在允许值内，是否有潜力可挖。

由于焦化分馏塔的回流实际情况，最大气体负荷可能在塔顶回流、柴油回流或蜡油抽出层下，所以我们重点计算这三处的气体负荷。

为了计算上的的方便，取隔离体系（见图4-3-8）为分馏塔的上段，逐段向下取。

首先求进出入系统内的气相温度。一般要知道上下塔板的温度，可用内插法求得，也可以粗略根据稍高于抽出层的温度计算。由该截面到塔顶作热平衡，列表如表4-3-2、表4-3-3。由热平衡方程式（入方热量＝出方热量）即可求出其中未知数——内回流量（$G_{内}$，kg/h）。

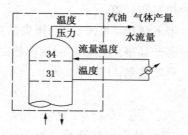

图 4-3-8　计算塔顶负荷隔离体图

表 4-3-2　入方热量表格式

项　目	温度/℃	相态	热熔/(kJ/kg)	流量/(kg/h)	热量/(kJ/h)
汽油		气		$G_{汽}$	
气体		气		$G_{气}$	
水汽		气		$G_{注水}$	
内回流蒸汽		气		$G_{内}$	
总计					

表 4-3-3　出方热量表格式

项　目	温度/℃	相态	热熔/(kJ/kg)	流量/(kg/h)	热量/(kJ/h)
汽油		气		$G_{汽}$	
气体		气		$G_{气}$	
水汽		液		$G_{内}$	
水蒸气		气		$G_{注水}$	
总计					

气体的总量

$$G_{总} = G_{内} + G_{汽} + G_{气} + G_{注 H_2O} \quad kg/h$$

利用各组分的相对分子质量 $M_{汽}$、$M_{气}$、$M_{注H_2O}$、$M_{顶回}$ 可求出气体总摩尔数 $n_{总}$，按下式求：

$$n_{总} = G_{内回}/G_{顶回} + G_{汽}/M_{汽} + G_{气}/M_{气} + G_{注 H_2O}/M_{注 H_2O} \quad kmol/h$$

然后根据气体体积公式计算：

$$V = 22.4 n_{总}[(TP_0)/(T_0 P)] \quad m^3/h$$

或　　$V = 22.4 n_{总}[(TP_0)/(T_0 P)]/3600 \quad m^3/s$

式中　T_0——绝对温度，为 273K；

T——抽出温度，K；

P_0——常压，0.1MPa；

P——抽出层的压力，MPa（可用塔顶与塔底压力内插法求出）。

空塔气速

$$W_{实} = V/F = 4V/(\pi D^2) \qquad m/s$$

则允许气速

$$W_{允} = \frac{K}{3600} \sqrt{\frac{\rho_{液} - \rho_{气}}{\rho_{气}}} \qquad m/s$$

式中　K——与塔板间距和塔板形式有关（当塔板间距为 600mm 舌型塔板时，$K=314$）；

$\rho_{液}$，$\rho_{气}$——这层塔板上液体、气体密度，kg/m^3。

实际气速与允许气速之比又叫泛点，是衡量塔的负荷的一个指标。

$$泛点（\%） = \frac{W_{实}}{W_{允}} \times 100\%$$

利用同样方法可求出柴油、蜡油回流抽出层下的气相负荷。

（5）分馏塔的液相负荷计算

根据已有的设备，加大处理量可能造成塔板上的液体负荷过大，反而降低塔板效率，影响产品质量和收率。因此，在大处理量的情况下，要对分馏塔的液相负荷进行标定核算，一般常以溢流管的液体流速为准，$W_{液} \leq 0.1 \sim 0.15 m/s$ 为宜。

仍以塔顶回流抽出层上为例：液体总流量=内回流量+塔顶回流量。即

$$G_{液} = G_{内回} + G_{顶回}$$

根据油品性质及塔板上温度可得液体密度 $\rho_{液}$（kg/m^3），换成液体体积流量：

$$V_{液} = G_{液}/\rho_{液} \qquad m^3/h$$

因溢流管的截面为已知，所以溢流管的液体流速

$$W_{液} = V_{液}/F_{溢} \qquad m/h$$

$$= (V_{液}/F_{溢})/3600 \qquad \text{m/s}$$

将计算结果列表和设计比较分析，为改变操作条件提供依据。

4.4 泵(含汽轮机部分)

4.4.1 加热炉进料泵

延迟焦化装置的加热炉进料泵常采用单吸多级卧式离心热油泵，采用电动机带动时可直接与泵相连接。

加热炉进料泵按其流量常见的有 $120m^3/h$、$180m^3/h$ 和 280 m^3/h 等多种，人们按其流量习惯简称 120 泵、180 泵和 280 泵，其工作原理、结构与离心泵类似，分段式多级高压热油泵结构见图 4-4-1。

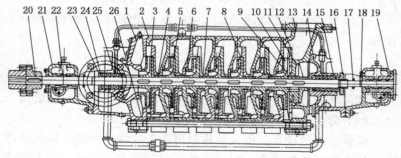

图 4-4-1　分段式多级高压热油泵

1—进油段；2—中段；3—叶轮；4—轴；5—导轮；6—密封环；7—叶轮挡套；8—导叶套；9—平衡盘；10—平衡套；11—平衡环；12—出油段导轮；13—出油段；14—后盖；15—轴套乙；16—轴套锁紧螺母；17—挡油圈；18—平衡盘指针；19—轴承乙部件；20—联轴器；21—轴承甲部件；22—润滑油环；23—轴套甲；24—填料压盖；25—填料环；26—泵体拉紧螺栓

加热炉进料泵泵体有双层壳体，外壳为圆筒型，具有滑动键，以保持温度升高时，中心准确，并保证在温度的影响下膨胀时泵可在轴向上产生位移。内壳和转子部分组成一体装入外壳，内壳和外壳为泵的定子部分，内壳就是泵的导液层或导液壳。

泵体由前后盖、8级叶轮、大轴、前后轴承、止推轴承、轴、密封环、前后填料函、填料环、水冷式前后填料压盖、润滑油箱、油环、平衡盘、平衡套、平衡管、轴向推力指示器、泵座和泵底座等部件、零件组成。

泵的转子是由一根大轴和8级叶轮组合而成。叶轮是单吸封闭式的，装在大轴上，并用键加以固定。叶轮之间装有挡套，保证叶轮不窜动。为保证泵有较好的吸入量，首级叶轮的入口尺寸比其他各级叶轮入口的尺寸要大一些，其他各级叶轮的尺寸均相同。

泵体借支脚固定于泵座上，泵座与底座用地脚螺栓把紧。泵座通水冷却，并铣有导向槽，可使泵体通过滑键在此槽内移动，以保证因温度的影响而膨胀时泵可在轴向产生位移。

经过填料函的大轴两端，装有轴套保护大轴。在填料函中装有填料，并用压盖压紧，填料中间装有带孔的填料环，冷却水经过填料环再流入填料函中，起到冷却、密封作用。

向转子吸入方向的轴向推力由平衡装置来承担。平衡装置用合金钢制造的平衡盘、平衡套及平衡管组成的。平衡盘用键固定在轴上，平衡套严密地装在具有密封圈的后段上，热油通过平衡装置和平衡管导回泵的前段吸入管。利用平衡盘两侧油压力不同，使产生与轴向推力相反的力去抵消抽向推力，使转动的轴始终在允许的范围内转动，从而保护了叶轮不因轴的窜动而磨损。

轴向推力平衡装置是自动调节的，没有平衡装置的附加设备。

在泵的后轴承上，装有轴向推力指示器，指示器包括指示针和刻度线盒。指示针通过手柄而动，刻度线盒的距离为"毫米"，轴向推力的方向用符号"+，-"表示。"+"号表示向泵的后方窜动；"-"号表示向泵的前方窜动，用手柄拨动指示针，看指示针的所在位置就知道轴的窜动方向和窜动量大小。

指示针指示在刻度线中"0"位置上，表示泵轴没有窜动，窜动量前后方向以不大于0.5mm为好。

封油环和轴套外径有 1.0~1.5mm 左右的间隙，封油通过间隙进入泵体内，随着热油一起输送出去。但也有微量的封油经过填料函随着冷却水一起排掉。

填料函内的填料常用铝箔裹高温高压巴金绳或油浸高温高压巴金绳。这是因为进料泵输送的介质温度高（390~400℃），出口压力大（最高可达 5.5MPa 左右），所以要选用铝箔裹高温高压巴金绳或油浸高温高压巴金绳做填料。填料放在填料函中用压盖压紧，使封油无法从填料外表面和填料函内壁流出，而从填料内表面与轴套之间漏出微量为宜。

泵的吸入口和排出口垂直于泵体，这样在泵预热时，倒灌吸油可使泵内空气和热油蒸气易排干净。

轴承的润滑是油环式，靠泵旋转带动油环慢速转动，把油室内的润滑油带起来润滑轴承，而后又流回油室内。

4.4.2 蒸汽轮机

4.4.2.1 蒸汽轮机的工作原理及基本组成

（1）蒸汽轮机的工作原理

蒸汽轮机是利用水蒸气的热能来作功的旋转式热能动力机械。蒸汽轮机工作时，先将水蒸气的热能转变为水蒸气的动能，然后把水蒸气的动能转变为转轴的机械能。蒸汽轮机的这种能量转变通常是通过冲动作用原理和反动作用原理这两种方式来实现的。

① 冲动式蒸汽轮机基本工作原理。

在冲动式蒸汽轮机中，蒸汽只在汽轮机的喷嘴中发生膨胀，压力降低，速度增加，在动叶片中蒸汽的压力、速度保持不变，只是改变了汽流方向。因此，对动叶片产生了一个冲动力，叶轮在这个冲动力的作用下旋转作功。

② 反动式蒸汽轮机基本工作原理。

在反动式蒸汽轮机中，蒸汽不仅在喷嘴中膨胀加速，而且在流经动叶片通道时继续膨胀加速。即蒸汽在汽轮机动叶片中，不仅汽流的方向发生变化，而且其相对速度也有所增加。因此，汽轮机动叶片不仅受到喷嘴出口高速汽流的冲动力作用，而且还受到蒸汽离开动叶片时的反作用力，即反动式汽轮机既利用了冲动原理作功，又利用了反动原理作功。

蒸汽轮机的反动度就是指蒸汽在汽轮机动叶片中的膨胀程度与级中总的膨胀程度之比(或蒸汽在汽轮机动叶片中的理想焓降与级中总的焓降之比)。反动度为 0 的意思是指蒸汽膨胀只在喷嘴中进行，反动度为 0.5 的意思是指蒸汽膨胀有一半在喷嘴中进行。

(2) 蒸汽轮机组的基本组成

蒸汽轮机组通常由汽轮机本体、辅助设备以及供油和监控系统等几大部分组成。

① 蒸汽轮机本体主要由静止和转动两部分组成，其中静止部分包括速关阀 (又称事故截止阀、自动主汽门等)、调节阀、汽缸、隔板、前后轴承座、机座、滑销系统等。转动部分主要是指转子部分，包括汽轮机主轴、叶轮、转鼓、动叶片、危急保安器等，如图 4-4-2 所示。

② 控制和保护系统主要有跳车模块、调速器、抽汽温度和

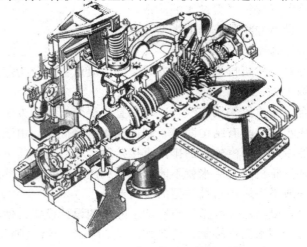

图 4-4-2　蒸汽轮机立体剖面图

压力保护装置、超速保护装置、轴承温度和振动保护装置、转子轴位移和叶片保护装置等。

③ 供油系统主要有主油泵、辅助油泵、事故润滑油泵、顶轴油泵、油箱、油箱加热器、油冷却器、油过滤器、蓄能器或高位油槽、抽油烟系统等。润滑油和控制油都由主油泵供给。在汽轮机启动、停车或发生故障，主油泵不能正常工作时，辅助油泵及时启动，向机组的调节、保护系统和润滑系统供油，保护机组免受二次损坏。

④ 盘车系统主要有盘车油泵、电动/液压自动盘车系统等。

⑤ 真空抽气冷凝系统主要有抽气器、抽气器冷凝器、真空泵等。

⑥ 蒸汽冷凝系统主要有蒸汽冷凝器、冷凝水泵等。

近年来，由于水环真空泵具有运行成本低、便于维护、易于建立真空而且不污染凝结水等优点，有逐渐取代抽汽器的趋势。凝汽器内的凝结水由凝结水泵抽出，经加热除氧后被送往锅炉。为提高凝结水泵密封的可靠性，凝结水泵通常采用填料密封，并用泵出口的凝结水来作为泵填料的密封液。这样，既保证了水泵高度真空，又保证了凝结水的质量。

（3）蒸汽轮机凝汽器的类型及作用

① 凝汽器的分类

按照蒸汽轮机排汽的凝结方式不同，凝汽器可分为混合式和表面式两大类。

混合式凝汽器采用排汽与冷却水直接混合接触的方法来使蒸汽凝结成水，它具有结构简单、制造成本低等优点。由于混合式凝汽器的冷却水与汽轮机的排汽直接接触，对冷却水质量要求很高，否则汽轮机的凝结水就不能回收再利用。在新建造蒸汽轮机装置中一般不再采用这种类型的凝汽器。

表面式凝汽器采取排汽与冷却水隔离的设计模式，使汽轮机的排汽与冷却水互不接触，冷却水不会污染冷凝器内的凝结水。因此，表面式凝汽器对冷却水质量要求不高，通常采用厂内循环水作为工作介质就能满足要求。

② 凝汽器的作用

蒸汽轮机凝汽器的的作用有三点：一是用来冷却汽轮机的排汽，使排汽凝结成水，在汽轮机的排汽口建立并保持高的真空，以提高机组的经济性。在凝汽器内蒸汽比水的体积大三万多倍，所以，蒸汽凝结成水后，体积骤然缩小，压力降低，使原蒸汽占据的大部分容积就形成了真空。这样，进入汽轮机的蒸汽在汽轮机内膨胀到低于大气压力，使蒸汽所含的热量尽可能多地转变为机械能，以提高汽轮机的效率。二是把汽轮机排汽的凝结水重新送入锅炉使用。三是在机组正常运行中，由于凝汽器内形成高度的真空，原溶于凝结水中的气体被释放出来。所以，凝汽器起到一级真空除氧器的作用，能除去凝结水中所含的气体，从而提高给水质量，防止设备腐蚀。

4.4.2.2 蒸汽轮机的分类

（1）按作用原理来分类

蒸汽轮机按其作用原理可分为冲动式汽轮机、反动式汽轮机和混合式汽轮机三种。

① 冲动式汽轮机　由冲动级组成，蒸汽只在喷嘴中膨胀，利用高速蒸汽的冲动力作功。

② 反动式汽轮机　由反动级组成，蒸汽在喷嘴中膨胀加速后，在动叶片中进行第二次膨胀加速。

③ 混合式汽轮机　由冲动级和反动级共同组成，一般情况下，汽轮机的前几级为冲动级，后几级为反动级。

（2）按结构形式分类

蒸汽轮机按其结构形式可分为单级和多级汽轮机两种。

① 单级汽轮机通流部分只有一级，通常为背压式汽轮机。多用于驱动泵、风机等小型设备。

② 多级汽轮机通流部分有两个以上的级，可为凝汽式、背压式、抽汽凝汽式、多压式等。多用于驱动离心压缩机、发电机等大型设备。

（3）按热力特性分类

按热力特性蒸汽轮机可分为凝汽式、背压式、调节抽汽式、中间再热式、抽汽背压式五种。

① 凝汽式蒸汽轮机。这种汽轮机的排汽进入凝汽器，蒸汽在低于大气压情况下凝结。凝结水被引回作锅炉给水的一部分，排汽凝结放出热量不再利用。凝汽式汽轮机结构见图4-4-3。

② 背压式蒸汽轮机。这种汽轮机的排汽压力高于大气压，排汽进入蒸汽管网，供热用户使用。背压式蒸汽轮机结构见图4-4-4。

③ 调节抽汽式蒸汽轮机　这种汽轮机中，当蒸汽经过若干个级的膨胀作功后，在汽缸上开有一个或多个抽汽口，将部分蒸汽抽出随即进入热管网，供热用户使用。未抽出的蒸汽在汽轮机中继续膨胀作功。调整抽汽是可以通过自动调节进汽和未抽出的蒸汽量，而使抽汽压力保持恒定。

④ 中间再热式蒸汽轮机　进入这种汽轮机的蒸汽膨胀到某一压力后，被全部抽出送往锅炉的再热器再次加热后重新返回汽轮机作功。

⑤ 抽汽背压式蒸汽轮机　这是一种具有调节抽汽的背压式汽轮机。

4.4.2.3 蒸汽轮机的技术参数

工业用的蒸汽轮机具有数量多、品种杂、用途广、参数高、容量大、转速高、变速范围大、单系列运行、自控联锁程度高等特点。因此，工业汽轮机涉及的参数范围非常广泛，基本参数主要包括水蒸气参数、汽轮机的转速和功率等。

（1）水蒸气参数

水蒸气参数一般用压力、温度、比容、内能、焓、熵等物理量来描述。

① 比容是指单位质量物体所占的体积，它是密度的倒数。气体的比容与压力、温度、有密切关系。当温度不变，压力增加时，气体的体积压缩，比容变小。当压力减小时，气体的体积膨胀，比容变大。

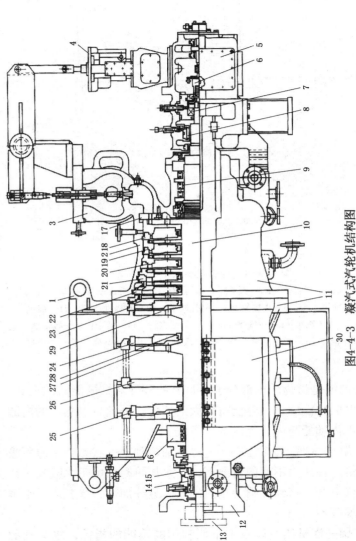

图4-4-3 凝汽式汽轮机结构图

1—排汽缸；2—上汽缸；3—调节阀；4—调速机构；5—前轴承；6—危急保安器；7—推力轴承；8—前轴承；9—高压端汽封；10—转子；11—下汽缸；12—后轴承；13—联轴器；14—后轴承；15—油封；16—低压端汽封；17—喷嘴；18~25—隔板；26—分流隔板；27—动叶片；28—隔板汽封；29—叶轮；30—挠性板

139

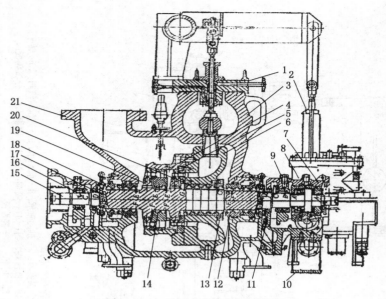

图 4-4-4　背压式蒸汽轮机结构图

1—调节阀；2—油动机；3—外汽缸；4—隔板；5—喷嘴；6—喷嘴室和内汽缸；7—前轴承箱；8—止推轴承；9—前轴承；10—前挠性支座；11—前油封；12—高压汽封；13—内缸汽封；14—隔板汽封；15—转子；16—后轴承；17—后油封；18—低压油封；19—第二级叶轮；20—第一列叶轮；21—排汽缸

②　内能是指物质内部分子所具有的各种形式的能量的总和。在水蒸气的内能中，仅热能有较大的变化。因此，水蒸气的内能可视为由内动能与内位能两部分组成。

③　焓是指把 1kg 物质从 0℃ 等压加热到某一状态时工质所吸收的热量。在压力不变的情况下，给水加热时，由于水吸收了热量，温度上升，直到沸腾为止。沸点后继续加热，水变成了水蒸气，水温度不变。

④　熵是衡量热力体系中不能利用的热能的指标，水蒸气的熵增大，表示它作功能力减小。在数值上，熵等于一定条件下温度除以热量所得的商。

（2）工业汽轮机水蒸气的基本参数

工业汽轮机水蒸气的参数目前尚无统一规定，因为用途很广，所以影响因素很多。通常情况下用进汽参数、排汽压力、抽汽压力、给水温度等来描述。

① 进汽参数。根据蒸汽轮机使用单位的具体条件与要求，进汽参数各不相同，而且其数值与机组功率无一定的关系。汽轮机的进汽参数包括新汽参数和再热蒸汽参数。新汽参数是指汽轮机速关阀前的蒸汽压力和温度，它又称蒸汽的初温和初压。再热蒸汽参数同样包括蒸汽的再热温度和再热压力，蒸汽的再热温度是指被抽出的蒸汽经过中间再热后在汽轮机中压缸前的温度，再热压力通常是指中间再热汽轮机高压缸的排汽压力。

② 排汽压力。排汽压力是指汽轮机出汽的压力，该压力的高低需要经过汽轮机运行的综合经济分析、用户的需求等来确定。考虑以工业汽轮机为主要动力的企业，往往需要数档参数的蒸汽。为了避免冷凝式汽轮机组的排汽湿度过大和确保背压式汽轮机组的排汽有适当的过热度，在确定进汽参数时，应注意进汽压力和温度的合理配合，只要汽量平衡许可汽轮机的排汽压力可以选用稍高一些，这样可以减少汽轮机的重量、体积，并可减少末级叶片的蒸汽湿度，这对提高末级叶片寿命有利。

③ 给水温度。回热循环中的给水温度需要根据循环的热经济性和装置的技术经济性综合分析比较后确定。一般情况下，给水温度选为蒸汽初压下饱和温度的 65% ~ 75% 较为经济。

（3）蒸汽轮机的功率

驱动用蒸汽轮机的功率，一般按被驱动的工业机械的耗功加上适当的储备而定。发电用机组则根据系统供给的汽量，求得能发出的功率，然后再按发电机系列选配合适的发电机。蒸汽轮机的功率有理想功率、内功率、轴功率与额定功率和设计功率。

① 理想功率是指在不计任何损失的情况下，蒸汽在汽轮机中作等熵膨胀时，单位时间内所作的功。

② 内功率为汽轮机通流部分所发出的功率，也就是从汽轮机理想功率中去除所有内部能量损失所消耗的功率称为内功率。

③ 轴功率是指从内功率中扣除外部能量损失所消耗的功率。它表示汽轮机轴端输出的功率，又称有效功率。

④ 设计功率是汽轮机热力设计和通流部分设计的依据，在此功率下保证汽轮机运行时的最高效率；额定功率是指汽轮机可以连续运转的最大功率，也是铭牌功率。在国外工业汽轮机常有正常功率和最大功率之分。

（4）蒸汽轮机的转速

工业蒸汽轮机的转速一般按被驱动的工业机械的需要而定。汽轮机的转速通常比较高，用户可根据自己生产的实际要求，力求减小汽轮机的体积和重量，提高效率，同时根据蒸汽参数、功率和强度等条件，选择最佳转速。如果汽轮机的最佳转速与被驱动的工业机械转速无法协调的话，必要时中间可增设变速器，以满足输出的需要。蒸汽轮机的转速通常分为额定转速、第一临界转速、第二临界转速、跳车转速等。

（5）蒸汽轮机的主要运行经济指标

① 汽耗量。汽轮机每小时消耗的蒸汽量叫汽耗量，也就是流过汽轮机的蒸汽流量，它是表明汽轮机经济性的一个指标。

② 汽耗率。驱动发电机的汽轮机组，每发出 $1kW \cdot h$ 电所需要的蒸汽量叫汽耗率，这是常用的重要经济指标，也叫汽耗。

③ 热耗率。汽轮机发电机组，每生产 $1kW \cdot h$ 电所需要的热量叫热耗率，它是汽轮机的另一经济指标。

我国生产的蒸汽轮机用在石油化工方面的为低压单缸冲击凝汽快装式汽轮机。蒸汽轮机主要用于带动大型的液体泵或气体压缩机。现以 NG25/20/0 型汽轮机为例，其主要性能见表 4-4-1。

表 4-4-1　汽轮机性能

项　　目	数值	项　　目	数值
蒸汽入口压力/MPa	3.43±0.2	最大连续转速/(r/min)	12098
蒸汽入口温度/℃	400±10	跳闸转速/(r/min)	13308
蒸汽出口压力/MPa	0.98±0.1	调速范围/(r/min)	8065~12098
正常蒸汽耗量/(t/h)	32	额定输出轴功率/kW	2062
额定转速/(r/min)	11500	轴密封	迷宫密封
正常转速/(r/min)	10465		

这种汽轮机体积小，结构简单，性能良好，转速可调。主轴上带有润滑油离心泵，给汽轮机单机运转时提供润滑油。

汽轮机内部结构有 4 级合金钢材质的蒸汽涡轮，各级涡轮的尺寸不同。前两级涡轮为压力级，后两级涡轮为调速级。

汽轮机两端有轴承、挡板式汽封和止推轴承，还有能使主汽柱塞阀门自动关闭的保险装置——危急保安器和限制超速作用的自动调速系统。

4.4.2.4　汽轮机单体试运

汽轮机单体试运合格是启动加热炉进料泵一次成功的先决条件。在单体试运时，应该首先开辅助润滑油泵给上润滑油和汽封，然后抽真空不小于 600mmHg 以上，再打开柱塞阀少量通汽进行机体预热。在通汽暖机的同时，要把放空阀打开排净凝结水并盘车检查转子转动情况。

汽轮机单体转速试验步骤如下：

① 危急保安器挂上，开大柱塞阀。缓慢打开主蒸汽入口阀，控制转速在 300~500r/min，运行 10~20min 为暖机试运阶段，检查震动情况，认为运转良好再提高转速。

② 以 300~400r/min 速度提到 1000r/min，进行全面检查，无问题后再每 5min 提一次转速，一直提到 2000~2200r/min。

③ 转速在 3000r/min 时，全面检查，并注意危急保安器是否自动跳开，各轴承振动不大于 0.05mm 为合格。

④ 当转速在 3300~3400r/min 仍不自动跳开时，应用手

打掉危急保安器使其跳开，停车检查找原因处理。如危急保安器在 3300~3400r/min 能自动跳开，要重复试验 2~3 次合格为止。

4.5　气体压缩机

气体压缩机种类非常繁多。按工作原理分有速度型（离心式）和容积型（活塞式、螺杆式）压缩机，按被压缩机气体介质分有空气式、石油气式等各种气体压缩机，按压缩级数分有单级和多级压缩机，按压缩的压力等级分有低压、中压、高压压缩机，按结构分有平衡对称型、水平型、垂直型、L 型、V 型、W 型等各种形式的压缩机。

大型的气体压缩机主要由高压电机或蒸汽轮机带动，其中汽轮机带动详见上一节汽轮机的内容。

4.5.1　石油裂解气气体压缩机性能

现以 2MCL458-3 型石油气压缩机为例，其主要性能如表 4-5-1 所示。

表 4-5-1　2MCL458-3 型石油气气体压缩机主要性能

项　目	数值	项　目	数值
压缩介质	焦化富气	轴功率/kW	1704
进口介质密度/（kg/m³）	1.5139	额定转速/（r/min）	11330
进口流量/（Nm³/h）	15000	最大连续转速/（r/min）	11732
进口压力/MPa	0.145	第一临界转速/（r/min）	4134
进口温度/℃	40	第二临界转速/（r/min）	15195
出口压力（绝压）/MPa	1.4	调速范围/（r/min）	8065~12098
出口温度（正常）/℃	125.7	叶轮级数/级	8
出口温度（最高）/℃	129	密封形式	干气密封
正常蒸汽耗量/（t/h）	32		

机组主要控制参数见第 3 章表 3-1-7。气体压缩机辅助系统的设备较多，分别见表 4-5-2。

表 4-5-2　气体压缩机辅助系统

设备名称及型号	性　能
主　辅　油泵 SNH440R46412.1W21	流量 24.66m³/h；出口压力 1.5MPa；功率 12.3kW
主油泵驱动透平 RLA60L-4	蒸汽进口压力 1.0MPa；进口温度 250℃；出口压力 0.3MPa；蒸汽流量 1.6t/h；功率 12.3kW
辅助油泵驱动电机 YA60L-4	功率 12.3kW
油站油箱 731.303TY574	容积 5m³；注油量 4.36m³
润滑油过滤器 712.218TY574	过滤精度 10μm；公称流量 24m³/h
调节油过滤器 712.230TY574	过滤精度 10μm；公称流量 24m³/h
调节油蓄能器 NXQB-40/10-F-A	压力 10MPa；容积 40L
干气密封器 TMO2A 双端面干气密封	密封尺寸/轴尺寸 148mm/121mm；设计压力 1.5MPa；设计温度-10~150℃；每一密封单元泄漏量≤2Nm³/h；每一密封单元功率损耗≤2kW
氮气粗过滤器	过滤精度 10μm
氮气精过滤器	过滤精度 0.3μm
润滑油冷却器 722473TY574	冷却面积 23.2m²；工作流量 24m³/h
一级出口冷却器 φ700mm×6010mm	冷却面积 130m²；壳程/管程设计温度 200℃；壳程/管程设计压力 1.6MPa/2.5MPa；壳程/管程试验压力 1.6MPa/2.5MPa
中间分液罐 φ1600mm×4756mm	储存富气介质；设计压力 1.6MPa；设计温度 50℃

4.5.2　开机条件及开机前的准备工作

4.5.2.1　开机条件

开机条件包括：

① 机组的辅助系统(包括润滑油系统、干气密封系统、压缩机进出口气动阀、气封冷凝系统)经试运及调试合格。

② 汽轮机已经单独试运合格，汽轮机和压缩机之间的联轴器已经安装完毕，联轴器罩已装好。

③ 现场工具、杂物清理干净，临时栅架已全部拆除。

④ 公共介质通道现场：其中冷却水畅通，动力及照明正常，中压及低压蒸汽系统正常，氮气已接到压缩机、汽轮机和润滑油箱。

⑤ 所有仪表安装完毕并经校验合格。

⑥ 管线、阀门、机体各连接部位紧固良好，无泄漏现象。

⑦ 机组的保温、地坪已修复。

⑧ 消防器材齐备，符合质量要求；不安全的因素或隐患已消除。

4.5.2.2 开机前的准备工作

开机前除了通知调度要求提供 3.5MPa 蒸汽，以及报告班长和相关岗位做好开机准备外，还应进行下列的检查和准备：

① 检查润滑油系统。

② 检查干气密封系统。

③ 汽轮机和压缩机本体的检查和准备。

4.5.2.3 启动程序

① 建立干气密封系统。

② 启动润滑油主油泵。

③ 进行自保试验，这当中包括停机试验、各项报警试验、手动紧急停机试验等。

4.5.2.4 开机

确认开机前的全部工作准备妥当后，即可进入正常开机了。正常开机包括：

① 联系蒸汽调度引入蒸汽，当蒸汽温度达到270℃后，将盘车装置退出并锁定。

② WOODWARW-505 调速器处于准备就绪状态，LCD 显示为 CONTROLING PARAM/PUSH RUN OR PRG；断开 IDIE/RATED（暖机/额定）外部触点；按 505 键盘上的 RUN 键触点，LCD 显示 OPEN T&T VALVE/PUSH RUN OR CLR。

③ 建立启动油压；建立速压开关，当速关阀开始移动时，直至启动油压消失，速关阀打开。

④ 再次按 RUN 键，LCD 显示 COMTROLING PARAM/AUTO START，505 调速器将自动按设定的转速变化率来提升透平转速至暖机转速（1000r/min）后稳住，此时可按 VALA 键来监视转速及阀位；在暖机转速下运行 20~30min；全面检查机组的声音、轴震动、轴位移、各监测点温度、油压是否均在控制指标内；当油冷却器冷后油温在 40℃ 以上时，适当开冷却水，使油冷后温度在 40~50℃ 之间。

⑤ 关小各排凝阀；逐渐关小透平排气放空阀，关放空阀时要注意控好透平转速。

⑥ 闭合 IDLE/RATED（暖机/额定）触点，使转速自动升至调速器的下限转速（7680r/min），保持 10~20min。

⑦ 当确认机组 7680r/min 运行无异常后，根据气压机出口压力，适当关小反飞动阀并提高转速，使其出口压力接近或大于吸收塔压力；可用 ADJ 键以 300r/min 的速度来缓慢提速。

⑧ 逐渐关小入口放火炬阀，同时逐渐打开出口阀维持机入口压力不变，直至出口阀全开，入口放火炬阀全关，开关阀时要缓慢进行，控制机入口压力在 0.045~0.06MPa。

⑨ 机组运转正常后，详细检查机组运行情况，如机组各轴承温度、回油、声音、振动、密封等情况，检查主蒸汽的温度、压力是否正常。如无异常，应把有关连锁投入自动；关闭各排凝阀；反飞动调节阀、入口放火炬控制阀改自动。

⑩ 汽轮机和气体压缩机进入正常运转后，对汽轮机、压缩机、润滑油系统、干气密封系统等的操作控制参数进行检查并做好记录。

4.5.3 停机

停机分正常停机和紧急停机两种情况。

4.5.3.1 正常停机

正常停机步骤如下：

① 联系调度、班长及有关操作人员统一指挥、协调配合，注意各参数。

② 逐渐手动全开反飞动控制阀，同时逐渐关闭出气管路上的风动，分馏塔压力由入口放火炬阀缓慢打开控制，保证机组入口压力在 0.045~0.06MPa，直至出口阀全关。

③ 按 STOP 键 LCD 显示 MANUAL SHUTDOWN/PUSH YES OR NO，再按 1/YES 键，LCD 显示 CONTROLING PARAM/SHUTDN/MANUAL，505 调速器将自动控制汽轮机作正常停机。

④ 记录从汽轮机停车起到机组转子完全停止时的转动时间，如机组停车时间较正常时间短时，则检查是否有磨刮等现象存在。

⑤ 机停后，手击危急保安器，全关主汽门，开汽轮机体各排凝阀；停轴封抽汽系统。

⑥ 打开压缩机体放空阀。当压缩机排放气体时，检查前置密封气和主密封气之间的差压。放空后确认机内压力为零后，打开管线放空阀放空。打开机体及进出口管线上的排凝阀，排出凝液后，关闭排凝阀。

⑦ 机停后，要连续盘车 30min，以后每隔 30min 盘车一次，每次 180°。直至机组冷却到常温为止。

⑧ 用氮气对机体内进行置换，置换时盘车。

⑨ 停润滑油循环。

⑩ 停干气密封系统。

4.5.3.2 紧急停机

紧急停机分自动停机和手动紧急停机两种。

（1）自动停机

自动停机的原因有：润滑油压力低低保护；压缩机轴位移高

高报；汽轮机转速大，超速跳闸；蒸汽管网压力、温度突然降低；压缩机进口压力低。

（2）紧急手动停机

如果遇到下列情况之一者应采取紧急手动停机：

① 机体内突然有严重的碰撞或刮磨声；

② 转速达跳闸转速而危急保安器不动作；

③ 虽然启动辅助油泵，而润滑油压力仍然在 0.1MPa 以下；

④ 油系统着火，不能马上扑灭；

⑤ 油系统某部大漏，采取措施仍不能制止，油箱液位低于最低液位；

⑥ 机组突然发生强烈震动，轴振动值≥110μm 时；

⑦ 任何一个轴承温度过高，以至冒烟；

⑧ 轴承回油温度急剧升高≥115℃ 时（压缩机轴瓦块金属温度）；

⑨ 压缩机出现喘振，采取反飞动阀全开等措施仍无效时；

⑩ 汽轮机内出现严重水击而不能马上消除。

（3）手动紧急停机三种方法

① 手击危急保安器手柄；

② 手按电磁阀带电按钮；

③ 手击手动快速停机手柄。

（4）紧急停车步骤

① 紧急停车后，注意检查主汽门是否关闭，关闭透平排气至管网，打开汽轮机机体各处排凝；

② 关闭压缩机进出口风动阀；

③ 其他按正常停车进行。

4.5.4 故障原因及其处理

（1）设备故障

设备故障现象原因及处理措施见表 4-5-3。

表 4-5-3　设备故障现象原因及处理措施

现 象	原 因	处 理 措 施
气压计喘振	① 机入口压力偏低； ② 瓦斯量不足； ③ 机入口放火炬控制阀打开，造成机入口压力偏低； ④ 吸收系统压力高于机出口压力	① 加大反飞动量，联系内操提高机入口压力或降低机出口压力； ② 在机入口温度较低的情况下，联系分馏岗位适当提高焦化富气空冷器冷后温度，使入口温度在40℃左右或加大反飞动量； ③ 配合内操操作，迅速关小放火炬阀，控制机入口压力在正常操作压力（0.04~0.06MPa），当有所上升时，缓慢升速至保持机入口压力恒定，直至正常； ④ 调整吸收系统压力或在可能情况下提高机组转速至不喘震
润滑油压下降	① 压控调节阀故障失灵； ② 油泵内给定压力偏低或轴承、螺杆等故障，供油不足； ③ 泵进出口过滤器堵塞，供油不足，泵抽空，振动、声音异常； ④ 系统管线或阀门、法兰泄漏； ⑤ 冷后油温度偏高或油冷却器板片内泄漏； ⑥ 透平泵转速偏低，电机轴承损坏等	① 切至电泵运转或电泵切出自启动，用副线控制油压力，修理故障调节阀； ② 重新调整螺杆泵内给定压力或切换油泵，修理故障泵； ③ 切换泵、过滤器，拆修及拆卸清理； ④ 停机联系钳工处理； ⑤ 开大油冷却器冷却水，降低冷后油温或油冷却器反冲处理，油冷却器板内泄漏停机处理
气体冷却器出口温度高	① 冷却水量不足； ② 冷却器冷却效果差； ③ 瓦斯量偏大； ④ 气压机一级入口温度偏高	① 开大冷却水量； ② 切换机组，拆除冷却器； ③ 调整操作，降低瓦斯量； ④ 开大富气后冷器冷却水或增加投用焦化富气空冷器空冷风机，降低压缩机入口分液罐富气温度
轴瓦温度升高	① 冷后油温偏高； ② 机组负荷增大； ③ 轴瓦间隙减小或损坏； ④ 油质变坏； ⑤ 振动增大； ⑥ 油压低，供油量不足	① 开大冷却水，降低冷后油温； ② 适当降低机组负荷； ③ 停机检修轴瓦； ④ 置换上合格的 N46 透平油； ⑤ 联系钳工处理； ⑥ 提高润滑油压力

150

现　象	原　因	处 理 措 施
轴 瓦 振 动大	① 轴瓦间隙大； ② 机组不同心； ③ 固定螺杆栓松动，联轴节故障； ④ 轴瓦供油不好； ⑤ 组负荷变化大或压缩机入口温度高； ⑥ 机组在临界转速运行； ⑦ 润滑油温偏低或油变质、脏	① 停机修理轴瓦； ② 停机重新校正同心度； ③ 停机检查修理； ④ 调整供油压力或停机处理供油系统； ⑤ 调整操作，降低负荷或查找负荷变化原因进行处理，降低机组各级入口温度至 40~50℃ 以下； ⑥ 调整机组转速，使其偏离临界转速运行； ⑦ 关小冷却水，提高冷却后油温在 40~45℃ 或者置换润滑油
调速系统故障	① 速关阀开/关电磁阀或调速阀伺服阀卡涩导致油路堵塞； ② 调速阀油动机行程传感器故障； ③ 调速阀卡涩	① 调速系统控制机组转速改隔离阀控制； ② 油路堵塞、调速阀油动机行程传感器故障、调速阀卡涩只能待停机后处理
密 封 气 中断	① 自控阀失灵； ② 密封气源中断	① 用副线阀控制，联系仪表修理自控阀； ② 紧急停机
气压机转速流量、压力波动	① 调速系统失灵； ② 气压机喘振	① 调速器控制转速改隔离阀控制； ② 适当降低转速，联系内操调整操作严格控好机组入口压力在0.03~0.06MPa

（2）动力事故

动力事故故障现象及处理措施见表 4-5-4。

表 4-5-4　动力事故故障现象及处理措施

现　象	原　因	处 理 措 施
停电	润滑油泵为电泵运转时停止运转，油压力下降，高位油箱液面下降	当油泵为电泵运转时，应尽快开起小透平泵运转。若小透平泵启动不了，按紧急停机处理

现　象	原　　因	处 理 措 施
停风	① 所有调节阀失灵； ② 气压机进出口风动阀失灵	① 配合内操岗位，手动控制入口放火炬风动阀，控制入口压力； ② 用上或下游阀或副线阀控制中间分液罐液面、油压力等；当为风开阀时，用副线阀控；当为风关阀时，用上或下游阀控； ③ 当维持不了机组正常运行状态时，应尽快停机处理
停水	① 水压快速下降或回零； ② 冷后油温上升	注意润滑油温度，若油温过高或轴承温度过高，按紧急停机处理
蒸汽压力下降	① 调速阀全开，汽室压力上升； ② 如果是隔离阀控制转速，则汽室压力下降，用汽量下降； ③ 气压机入口压力上升； ④ 机声变化	① 调整操作，降低机组负荷； ② 联系厂调度调节蒸汽压力； ③ 当无法维持生产时，停机
蒸汽带水	① 蒸汽温度低； ② 汽封甩水，机组声音异常，汽轮机内油水机声，振动加大； ③ 排汽温度上升； ④ 调速汽阀开大，转速下降	① 加强脱水并联系提高蒸汽温度； ② 适当降低机组负荷； ③ 严重水击时应做紧急停机处理

152

第5章 延迟焦化装置的开停工及一般事故处理

5.1 延迟焦化装置的开工

延迟焦化装置的开工分新建装置开工和检修后装置开工。一般来讲，检修后装置开工比新建装置开工步骤简单、时间短而且操作人员也比较熟练，开工就比较顺利，但在整个开工过程中也要引起特别重视。此处专门讨论新建装置开工。

5.1.1 投产前的验收及准备工作

（1）投产前的验收工作

一个新装置投产前，生产单位与设计施工单位要共同做好设计与施工审查验收工作。注意检查流程走向是否合理；机械设备安装是否符合施工规范和设计要求，是否符合实际生产的需要；主体工程和辅助部分是否齐全；有无漏项和未完成的尾项等。要每台设备、每个部件、每条管线、每个法兰、人孔垫片、螺栓都检查到，派专人负责并做好记录。电气及仪器设备由有关部门负责验收。

在以上大检查的基础上，施工单位根据提出来的问题进行认真整改完毕后，双方就可以办理交接手续，施工单位把有关技术资料交出一份作为存档后，即可签字交接验收。

（2）场地清扫及技术培训

进行装置场地大清扫，范围包括设备内外、塔上塔下、平台、走道等。清扫目的是给以后的设备管线吹扫、试压及装置开工奠定基础。

装置开工前，还要进行开工技术培训，要求开工人员能够做到熟练掌握工艺流程、设备结构、操作方法原理、控制指标和方法、容易出现问题的地方和出现问题的处理方法等。

5.1.2　引入水、电、汽、风

水、电、汽、风是试运时必须具备的条件，而且也是实际考验是否能满足生产时的要求。为了保证联系的方便，各协作单位要求有专职人员到现场配合。这些人员有权调动水、电、汽、风。

（1）引新鲜水和循环水

联系生产调度及供水单位，把新鲜水、循环水进装置阀门打开，把水引到各供水点，先排空冲洗管线内脏物，以免脏物进入设备，然后关闭供水点阀门，进行憋压，检查管线、阀门、法兰、接头无渗漏，各供水排水点畅通，证明水系统合格。

（2）引汽

引汽时要十分小心，因为蒸汽压力高、流速快、温度高，容易使管线设备发生水击，振裂焊口、法兰、垫片，造成跑汽伤人。所以，引汽时应先小开一点主汽阀门，进行暖线排污排凝，然后关闭排污排凝阀门，渐渐开大主汽阀门，引汽到各供汽点。各供汽点也要这样进行引汽。管线畅通无漏，证明蒸汽系统合格。

（3）引风

其方法步骤同上面引汽一样，只是引进速度可快一些。

（4）送电

用电分为高压和低压两部分，在电气线路设备和开关经检查无问题后，联系供电单位把电送到变压器，加上危险标牌锁好门。

5.1.3　吹扫及贯通试压的目的及注意事项

（1）吹扫及贯通试压的目的

① 用空气或蒸汽吹扫管线设备内污物等；

② 检查管线设备的工艺流程是否畅通无阻；

③ 检查设备、管线、阀门、法兰、测量点等处的密封性能及强度。

（2）吹扫及贯通试压的注意事项

① 一般塔类、容器、冷换设备及管线的介质层均用蒸汽先贯通后再试压，加热炉炉管用试压泵打水试压。

② 贯通试压时应避免脏物进入设备，改好流程有副线和控制阀的地方先扫副线，孔板拆除，接短管，蒸汽不准乱窜。

③ 贯通试压不宜过快，不要一下子全面铺开，要逐段管线、逐台设备吹扫试压。

④ 试压标准要严格注意，不要超过指标，一般设备试压为操作压力的 1.5 倍，管线一般试压到蒸汽压力为止，重点要放到高温高压部位。焦炭塔试压 0.3MPa，分馏塔试压 0.2MPa，加热炉炉管试压 6.0MPa，高压水管线试压 20.0 ~ 25.0MPa，恒压15 ~ 30min 不漏、无形变为合格。

⑤ 试压前焦炭塔、分馏塔安全阀的手阀关闭，加热炉辐射出口去四通阀前加盲板，分别装好合适量程的压力表，准确指示所试压力。

5.1.4 吹扫及贯通试压的工作程序及流程

（1）加热炉

首先改好给汽加热炉贯通试压的流程，流程如下：

辐射进料泵出口给汽→加热炉炉管→四通阀→焦炭塔顶→放空塔

给汽贯通后进行试压。试压方法如下：

① 停汽后放净压力，在加热炉出口即在四通阀前加盲板，因为四通阀的公称设计压力为 1.6MPa，严防超压把阀芯打坏。

② 炉管装满试压水。

③ 炉管升压至 6.0MPa，恒压检查。试压压力以加热炉辐射出口处表压为准，可参考试压泵出口压力。

④ 试压完毕放净存水，冬季还要用汽扫净存水防止冻坏炉管。

新装置投产时，最好再用柴油试压，因为柴油的渗透力强，试压的可靠性好，方法同上述，只是柴油要从装置外收来。

（2）焦炭塔

塔顶挥发线、塔体、开工循环线等均用蒸汽贯通，然后试压。贯通完后，关闭到分馏塔的油气线阀门，关闭放空阀门，在焦炭塔底操作平台给汽，憋压到 0.3MPa，进行全面检查，无漏为合格。

（3）分馏塔及各侧线

分馏塔系统的管线设备通常的贯通方法有两种：一种方法是从塔底给汽，向各馏出口吹扫，在各馏出口的最低点排空；另一种方法是从各馏出口的固定吹扫头给汽向塔内吹扫。一般采用第二种方法，因为这种贯通方法速度快，时间短。

吹扫贯通后，关闭塔壁阀门和出装置阀门，管线试压到蒸汽压力检查无漏时为止。分馏塔在塔底给汽，升压到 0.2MPa，检查人孔、接管各处无漏为合格。卸掉压力和冷凝水。

封油线及容器用蒸汽扫完，试压合格放净水后，还要用空气吹扫干净，防止封油带水，造成机泵抽空。

（4）稳定吸收和瓦斯系统

先用蒸汽贯通，后试压到蒸汽压力。类似分馏塔及各侧线。

5.1.5　单机水试运和联合水试运

这也叫做冷负荷试运，是一般炼油装置新开工中不可缺少的一步。

单机水试运之前，电机应该空运 8h 以上，检查电机运转是不是良好，检查电气、电路、开关的绝缘性能和使用性能。

（1）单机水试运

单体机动设备，同工艺管线一起充水，用泵打循环，进行冷负荷试运，要求单机冷负荷试运在 24h 以上，目的是：

① 冲洗管线和设备；

② 检查流程走向；

③ 考验机泵性能是不是符合铭牌及生产要求；

④ 熟练操作。

（2）联合水试运

在单机水试运合格的基础上，进行全装置的联合水试运，其目的是：

① 为开工进油、点火升温做准备；

② 检查整个装置是否协调；

③ 检查各仪表的使用情况，是不是灵活好用；

④ 进一步考验机泵性能，检查它们对全装置的联系；

⑤ 考验开工领导小组指挥人员和全体职工队伍的作风和技术熟练程度，同时也是一次技术练兵。

（3）联合水试运中应注意事项

① 机械维修、供电、仪表队伍要加强；

② 机泵的入口要加过滤网，防止泥沙、焊渣等磨损设备；

③ 试运中，泵如抽空应立即清洗过滤网，保证试运的继续进行；

④ 试运中做好资料的整理工作，试运完后应把试运中发现的问题及时处理；

⑤ 试运结束后放净存水，用蒸汽扫净管线。

5.1.6　负荷试运

负荷试运常指的是装油循环，分七大步骤。

（1）装油循环点火

① 装油流程

一个设备一个设备地装油也是可以的，但是，最好按循环流程装油，较为省事。其流程是：

开工柴油从装置外引进→原料缓冲罐→原料油泵→加热炉进料缓冲罐→加热炉进料泵→四通阀→焦炭塔→甩油罐→甩油泵→分馏塔。

蜡油系统和柴油系统也分别装好油。装油完毕，循环也就开始，加热炉准备点火升温。

② 装油中注意事项

改好流程后要经过全面检查，班长同意并和调度联系妥当之后，将开工用柴油引进装置，在进装置处先排气见油后，关闭放空阀，将油引到原料罐。装油时启动流程中的液面、压力、流量表等；掌握好各部位液面，平衡好流量，及时了解油罐检尺情况，做到装油数量心中有数。

装油的过程也是检查流程的过程，要认真检查，严防憋压、跑油、串油等事故的发生。

装油结束时，借装蜡油柴油系统的间歇时间，让油品在设备内静置，使水沉降，以利脱除。

（2）循环升温脱水

循环流程是：

原料缓冲罐→原料油泵→加热炉进料缓冲罐→加热炉进料泵→四通阀→焦炭塔→甩油罐→甩油泵→分馏塔→塔底循环油泵→原料缓冲罐

各低点脱水见油后，启动机泵进行循环，保持液面平稳，加热炉点火，开始升温。循环量保持辐射分支流量在 $20m^3/h$ 左右，升温速度控制在 $30\sim40℃/h$ 较为合适，当加热炉出口在 $250\sim300℃$ 之间时恒温，分别在分馏塔顶、焦炭塔顶脱水，预防在脱水过程中因油轻而泵易抽空，可以引进 $30\sim40m^3$ 的蜡油或渣油。新开工装置可以升温后降温，反复几次，以检查设备是否有缺陷。

继续升温至加热炉出口达到 $350℃$ 恒温脱水，焦炭塔顶温度随脱水过程的进行不断升高，超过 $110\sim120℃$ 时，改焦炭塔顶去分馏塔底。继续脱水，当分馏塔底温度已达 $250℃$ 以上，而且从焦炭塔、分馏塔底听不到有水击的响声，分馏塔上部各处温度已不断上升，油水分离器下脱水渐渐减少，经采样分析，确实证明分馏塔底油无水时开始预热加热炉的进料泵和循环油泵。

（3）启动加热炉进料泵

① 启动加热炉进料泵之前必须：引好各冷换设备冷却水；中压蒸汽引至炉注汽点处排空；准备好分馏塔顶回流用的汽油；准备好原料罐、产品接收罐；封油收好，并循环正常；加热炉的

燃料气(燃料油)能满足需要;各部分操作都很正常,设备没有大的问题。

② 启动加热炉进料泵必须具备:系统中水已脱净;油泵部分预热温度已经达到,与加热炉进料缓冲罐温差不大于 50℃;辅助系统(包括封油系统、润滑油系统、冷却水系统)全部正常;加热炉进料缓冲罐液面平稳,原料泵上量良好;全装置无严重渗漏,各岗位配合很好。

③ 启动加热炉进料泵后应当注意:开加热炉进料泵出口阀的同时,停蒸汽往复泵,关闭泵出口阀门,切不可因加热炉进料泵出口压力高而造成往复泵憋压,或将热油窜到其他地方;各部液面要加强控制,维持平稳;加热炉的提量或降量都必须统一操作,加强与分馏岗位的联系;封油罐要加强脱水,液面要平稳;根据加热炉进料缓冲罐液面的高低可适当提加热炉进料油量,提到总量约 100m³/h。

(4)升温切换原料

① 加热炉进料泵启动正常以后,以 40℃/h 的速度升温到 400~420℃,分馏塔根据条件逐步建立各线回流,控制温度不要超过正常生产指标。

② 装置引入新鲜原料进原料缓冲罐,同时焦炭塔甩油也改出装置,形成一边进新鲜原料一边甩开工用油的开路循环流程。

③ 原料切换完后,加热炉出口已达 420℃,炉管各点开始注汽。

④ 450℃时应当恒温检查,活动四通阀,压缩机启动空运,汽油、柴油、蜡油出装置通畅,仪表自动控制好用,机泵切换多次处于良好备用状态,焦炭塔底加快甩油。

(5)快速升温到 495℃切换四通阀

在快速升温的过程中,做好如下工作:

① 调节压缩机的负荷,控制好系统压力,保持在 0.05MPa。

② 焦炭塔加速塔底甩油,保持塔内无存油状态,甩油泵要有专人看管,严防温度高漏油着火。

③ 控制加热炉温度，加热炉进料流量和分馏塔底液面改自动控制，加热炉出口温度不准有较大的上下波动。

④ 班长应当加强岗位联系，做好切换四通阀的准备。

当加热炉出口温度升到 495℃ 并运行正常，加热炉进料泵运行正常，分馏塔系统控制平稳，焦炭塔底甩油畅通，甩油罐液面正常，压缩机能正常运转，系统压力能够平稳控制，生产产品出装置没有问题等条件都具备后，便可联系好切换四通阀，从焦炭塔的开工线翻到焦炭塔的底部进料，转入正常生产。切换四通阀后，焦炭塔岗位扫好开工线和甩油线。

图 5-1-1 为柴油开工的升温曲线图。

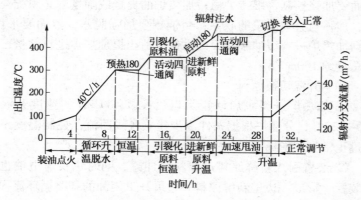

图 5-1-1　柴油开工升温曲线图

（6）正常调节

① 流量调节。加热炉进料以 $5\sim8m^3/h$ 速度升到工艺指标；分馏岗位根据各部温度调节回流量；加热炉注水量按指标分次提足；根据汽油质量控制分馏塔顶温度，根据柴油质量控制柴油抽出量。

② 温度调节。根据循环比大小调节分馏塔蒸发段温度到工艺指标；用冷却水量调节出装置产品的冷后温度；根据焦炭质量，控制炉出口温度。

160

③ 压力调节。压缩机调节负荷控制系统压力在工艺指标范围内；加热炉进料泵出口压力控制在额定压力的80%左右。

（7）稳定吸收系统的开工

在焦化部分开工正常以后，各部分调节工作全部完成，这时要准备稳定吸收系统的开工。方法仍是扫线贯通、试压、装油循环，引热源升温到正常操作调节为止。

5.2　延迟焦化装置的停工

装置停工的原因很多，其中有计划检修、装置的改造扩建、关键设备发生故障非停工不可等。根据装置停工的原因不同，停工方法步骤也不相同，就其方法不同来看可以分为正常停工、紧急停工、单炉（或叫分炉）停工三种情况。

5.2.1　正常停工

正常停工前一切操作条件仍按工艺指标控制。确定停工时间后，焦炭塔的换塔时间应当安排好，在停工时将空焦炭塔预热作为停工用焦炭塔。正常停工分五大步骤。

（1）加热炉降量

① 加热炉以 5～10m³/h 的速度降量，由原来正常生产时的流量降到25m³/h。降量过程中加热炉出口仍按工艺指标控制。

② 降量过程中分馏塔岗位仍要控制产品质量，保持好分馏塔底液面及各处温度。

③ 焦炭塔岗位将空焦炭塔预热到塔顶约300℃，扫好开工线、甩油线，准备好甩油泵。

④ 在降量过程中稳定吸收系统可以提前停工，抽净设备存油。

⑤ 压缩机控制好系统压力，适当减少负荷，直到全部卸去负荷，停压缩机。

（2）加热炉快速降温及切换四通阀

① 降量结束后，加热炉以 60℃/h 的速度降温至加热炉出口温度为460℃。

② 当加热炉出口温度为 460℃ 时，切换四通阀，从老塔底部进料切换到停工塔顶部进料。

③ 切换后，焦炭塔岗位老塔少量给蒸汽汽提、停工塔加速甩油。

④ 分馏塔产品很少，停止向外送产品，关闭出装置阀门，加大向分馏塔打回流，进行热冲洗塔盘。

（3）继续以 40~50℃/h 的速度降温

① 继续降温后，系统压力仍要保持，另一方面加热炉燃料要保证。

② 降温到 400℃ 时，辐射进料量应当加大，以利降温，不至于熄火太多造成炉膛降温太快。

③ 降温到 350℃ 时停止加热炉进料，用蒸汽扫线。

④ 注汽一般在 400℃ 时停止。

（4）熄火

① 熄火后，加热炉扫线继续，要逐渐开人孔、防爆孔、烟道档板，有利降温。要测焦厚的炉管，堵头要加机油。

② 焦炭塔和分馏塔要抓紧甩油，保证设备少存油。分馏塔继续将后部的汽油柴油打回分馏塔内，冲洗塔盘。

③ 加热炉进料泵停运后，封油和润滑油继续循环，加强盘车使机体降到室温。然后停封油及润滑油，配合扫线。

（5）停工后的设备管线处理

停工后的设备管线处理好坏，对装置的安全检修和缩短检修时间都有很大关系，为此，装置停工后设备管线处理要求做到以下三点：

① 设备管线内存油必须抽空；

② 设备管线内存油必须尽可能扫干净；

③ 设备管线内残压必须放掉，存水必须放净。

扫线的程序一般为渣油→蜡油→柴油→汽油→瓦斯系统，逐步进行。

5.2.2　紧急停工

紧急停工也有两种情况：一种是突然爆炸或长时间停电、停水、停汽，既不能维持生产，也不能降温循环，可采用加热炉紧急熄火，切换四通阀到新塔或切换到甩油罐，停掉加热炉进料泵，全装置立即改放空。另一种就是采用降温循环的办法，可采用降温到350℃左右，甩掉加热炉进料泵，用蒸汽往复泵代替，这一方法可以维护系统内有一定压力、温度、流量、液面。可以建立起加热炉、焦炭塔、分馏塔的循环，产品不出装置，冬季为了防冻防凝可以向装置外间断顶线。

5.2.3　单炉停工

单炉停工又叫分炉。在两炉四塔型延迟焦化装置中，经常有分炉和并炉这样的过程。

单炉停工的原因，多数情况是一台加热炉结焦严重，而另一台加热炉或全装置不需停工；少数情况是因加热炉或与它成对的焦炭塔出现必须停工才能处理的问题。

（1）单炉停工步骤

延迟焦化装置可以根据情况甩掉一炉进行检修，而另一炉进行正常生产，然后又并炉，这就是它的灵活性。其步骤是：

① 以 25m³/h 速度降单炉流量到 20~25m³/h。

② 快速降温到 460℃，切换四通阀到焦炭塔开工线进甩油罐，将油甩出装置。

③ 降温到400℃时，焦炭塔顶改放空塔；加热炉炉管停止进料；给汽扫线；加热炉降温至350℃就熄火。

（2）单炉停工注意事项

停单炉时要注意以下六点：

① 停工的加热炉降量时，分馏塔要控制好产品质量，控制好各部温度和液面。

② 压缩机要注意系统压力的维持。

③ 加热炉在停止进料时，要保持原料缓冲罐、加热炉进料缓冲罐和分馏塔底液面和温度。

④ 正常生产的加热炉负荷增加，注意炉膛温度不要超高。

⑤ 注意正常生产的加热炉进料量变化，不能波动太大。

⑥ 停止进料后扫线时，要注意将隔断阀关严，防止向生产系统串汽、串水。

5.3 延迟焦化装置的一般事故处理

5.3.1 事故处理原则

装置事故处理，以确保人民的生命财产安全并能及时恢复生产为宗旨。

一旦发生事故，要及时汇报调度，要根据事故现象、事故发生前有关设备所处的状况、有关操作参数变化情况及有关的操作调节，正确判断事故发生的原因，迅速处理，避免事故扩大。

出现火灾时，应正确判断情况，切断火源，并立即报告消防队，组织抢救，避免火势扩大。

事故发生后，坚守岗位，听从班长统一指挥，不得擅自离开岗位。事故处理中，要注意以下五点：

① 防止着火和爆炸；

② 高低压有关联的设备，严防串压；

③ 炉子立即熄火，以防炉管结焦；

④ 切断进料，产品联系调度改不合格罐或打循环；

⑤ 尽可能保持一定的系统压力，以便能尽快恢复正常生产。

5.3.2 动力事故处理(风、汽、水、电四停事故等)

5.3.2.1 装置停电

装置停电现象表现为：照明熄灭；机泵停运。

采取如下处理方法：

① 立即与调度联系，查明原因；

② 加热炉立即降温，并增大加热炉注汽量；

③ 控制炉出口温度不超指标；

④ 启动炉进料备用泵及开工用泵，维持低量生产，注意分馏塔顶汽液分离罐液面变化；

⑤ 短期不能恢复供电，生产不能维持下去，请示车间和调度，按紧急停工处理。

5.3.2.2 装置停汽

装置停汽分停 1.0MPa 和 3.5MPa 蒸汽两种。

（1）系统 1.0MPa 蒸汽中断

系统 1.0MPa 蒸汽中断现象表现为：蒸汽泵停运；主蒸汽压力下降。

相应处理方法为：

① 联系调度，查明停汽原因。

② 如气压机跳停，则注意分馏塔塔顶压力，注意机前放火炬阀是否打开，严防分馏塔塔顶安全阀跳。

③ 当压力降到 0.6MPa 时，关闭四通阀汽封、隔断阀汽封及大油气出口阀汽封和汽提蒸汽阀门。

④ 停汽时间长，恢复汽源后及时打开所有汽封、汽提蒸汽阀门。

⑤ 停汽时间长，请示车间，作降温循环处理。

⑥ 若蒸汽压力低于 0.6MPa，停大吹汽，用水代替大吹汽。焦炭塔甩油期间，注意甩油罐液面，液面上升时停止升温或预热。

（2）3.5MPa 蒸汽中断

3.5MPa 蒸汽表现为现象：气压机跳停；注汽流量降低；炉进口压力下降。

相应处理方法为：

① 联系调度，查明停汽原因；

② 如气压机跳停，则注意分馏塔塔顶压力，注意气压机前放火炬阀是否自动打开，严防分馏塔塔顶安全阀跳；

③ 炉子立即降温至 420℃，降量至 34t/h 维持生产；

④ 按先停注辐射管、再停注对流转辐射管、后停注对流管的顺序，关注汽进炉阀；

⑤ 控制好炉进料量和炉出口温度，装置维持生产；

⑥ 若 10min 后仍无法恢复供汽，则装置打循环；

⑦ 3.5MPa 蒸汽恢复后，要首先打开炉注汽阀前排空阀，排空阀见汽后再开加热炉注汽阀。

5.3.2.3 装置停水

装置停水现象表现为：循环水压力下降，流量大大降低，甚至为零；所有油品冷后温度上升；瓦斯产量增大，焦炭塔压力上升，分馏塔顶压力上升；分馏塔顶、柴油吸收塔塔顶温度上升，塔顶回流增大。

处理方法为：迅速降低进料量；加热炉进料泵等高温油泵停运转时，应注意润滑油温度；压缩机停运转时，应注意润滑油、电机、轴瓦温度；通知调度，查明停水原因，迅速引水进装置；无法维持生产时，停炉，装置打循环，循环流程见图 5-3-1。

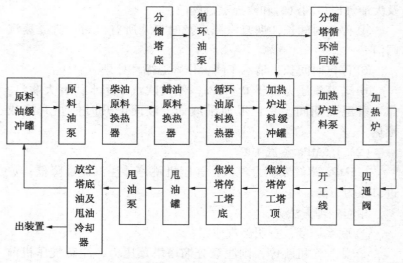

图 5-3-1　装置停水打循环流程

5.3.2.4 净化风中断

净化风中断现象表现为：风动控制阀气源压力下降；净化风罐压力、流量指示下降；调节阀失灵。

出现净化风中断的原因主要是空分装置发生故障。

预防办法是加强净化风罐的检查，发现罐内存水要立即脱净，防止净化风带水。

如果非净化风正常，则打开净化风与非净化风的连通阀，关闭净化风进装置阀，用非净化风代替净化风维持装置生产，待净化风恢复正常后，再恢复用净化风。如果非净化风也不能维持生产或中断，则按轻重缓急，参考一次表，将风关阀关小上游阀，风开阀打开副线阀，关闭上游阀。顺序如下：

（1）分馏部分

分馏部分要依次做好分馏塔底液面控制；分馏塔顶气液分离罐压力控制；蜡油集油箱液面控制；分馏塔各侧线及塔顶温度控制；分馏塔顶气液分离罐的界面、液面控制；蜡油回流量控制；柴油集油箱液面控制；封油罐液面控制。

（2）加热炉部分

加热炉部分要依次做好炉出口温度控制；注汽流量控制；瓦斯压控；烟道挡板负压值控制；炉进料流量控制。

（3）气压机及柴油吸收塔、稳定塔部分

气压机及柴油吸收塔、稳定塔部分要依次做好入口富气去火炬压控；反飞动流量控制；一段出口分液罐液控；主油管线压控；密封气压控；焦化富气分液罐液控；柴油吸收塔底液面控制；稳定塔底液面控制；稳定塔顶气液分离罐压力控制；稳定塔顶压力控制；稳定塔顶温度控制；稳定塔顶气液分离罐的界面、液面控制。

（4）其他

遇到净化风中断，还要对焦炭塔部分的塔顶急冷油流量进行适当控制。

5.3.3 设备事故处理

5.3.3.1 炉管破裂着火

（1）炉管破裂着火的现象

炉管破裂着火的现象主要表现为：炉管烧穿小孔时，炉管上出现火苗；严重烧穿时，烟囱冒黑烟，炉进口压力下降，炉底着火。

（2）炉管破裂着火的原因主要有：炉管严重结焦；炉膛温度过高和炉出口温度指示偏低；炉火直扑炉管，造成局部过热；处理量过大，炉子超过负荷；炉管质量不好。

（3）防范措施

对炉管破裂着火防范的主要措施有：加强注汽管理和平稳操作；定期联系仪表工校对温度指示；当炉进料流量中断时，应及时熄灭炉火，防止炉出口超温时间过长；认真调整火焰，防止长短不齐或直扑炉管，并努力降低过剩空气系数，减少炉管氧化剥皮；了解原料情况；炉管烧焦时要烧干净；停炉后应认真检查炉管，炉管必须加强质量检查；经常检查炉管壁热电偶温度。

（4）处理炉管破裂着火防范的方法

处理炉管破裂着火防范的相应方法是：首先向调度和车间汇报；若烧穿呈小孔，情况不严重时，可按正常停工步骤处理；若烧穿严重，炉膛着大火，情况危急时，可按紧急停炉按钮，按紧急停工处理，立即切断炉进料，炉堂通消防蒸汽，扑不灭时，向消防队报警；当炉子紧急放空时，开大放空塔底油循环及加大甩油冷却器冷却水量。

5.3.3.2　泵漏油着火

（1）泵漏油着火原因

泵漏油着火原因有：温度剧烈变化，泵超压超负荷过大，压力表接管破裂，端面密封漏油。

（2）处理方法

泵漏油着火相应的处理方法：轻微时紧急灭火，用蒸汽掩护，并切换备用泵；若严重时紧急灭火，按紧急停泵方法处理。

5.3.3.3　主体设备(含塔、换热器和转油线)破裂着火

（1）主体设备和转油线破裂着火的原因

主体设备和转油线破裂着火的原因有：腐蚀和冲蚀严重；超

温、超压；材质不好或用错材质；温度急剧变化，连接焊口、法兰裂开或渗漏严重。

（2）处理方法

相应的处理方法是：首先向调度和车间汇报；然后，若泄漏着火不严重时，用蒸汽和灭火器材扑灭，并用蒸汽掩护，调整流程（如走副线），切断火源，维持生产或按正常停工处理；若着火严重，并有扩大事故危险的势态，应立即通知消防队，根据具体情况切断火源两端阀门，按紧急停工处理。

5.3.3.4 加热炉进料泵抽空

（1）加热炉进料泵抽空现象

加热炉进料泵抽空的现象表现为：加热炉进料流量突然下降，严重时加热炉启动联锁；泵出口压力下降，炉进料压力下降；泵发出异常的声音；加热炉进料缓冲罐液面上升；电流波动；炉出口温度急剧上升。

（2）加热炉进料泵抽空原因

加热炉进料泵抽空的原因分别是：加热炉进料缓冲罐液面过低或液面计失灵；加热炉进料缓冲罐油馏分过轻；泵进口过滤器堵塞或阀芯脱落，或进口管堵；泵进口管线窜入蒸汽；封油带水或注入量过大；泵故障（备用泵预热不当或换泵操作不当）；泵进口开度过小而出口开度过大。

（3）加热炉进料泵抽空防范措施

加热炉进料泵抽空防范的主要措施是：加强加热炉进料缓冲罐液面管理，经常校对液面；加强封油罐管理，经常脱水；严防蒸汽窜入进口管；加强备用泵预热，防止预热泵出口阀开度过大。

（4）加热炉进料泵抽空的处理方法

处理加热炉进料泵抽空的方法：加热炉进料泵抽空后，使加热炉进料缓冲罐液面突升，应立即将加热炉进料缓冲罐液控改手控；关闭泵出口，重新进行引油，重新启动或启动备用泵；立即熄灭炉火；适当加大注汽量；若重新放量不成功，应立即启动炉进料备用及开工用泵往炉管送油，保持炉管适当走油；查明原因，消除故障；炉进料备用及开工用泵上量正常，加热炉点火升温，控制好出口温度；若经处理无法维持生产，则按紧急降温降量打循环或停工处理。

5.3.4 质量事故处理

5.3.4.1 蜡油带水

（1）蜡油带水现象

蜡油带水的现象表现为：蜡油分析带水；封油罐顶冒蒸汽，严重时造成加热炉进料泵抽空；蜡油抽出层温度下降，分馏塔上段气相负荷增大，严重时汽油、柴油质量不合格；分馏塔塔顶压力波动。

（2）蜡油带水原因

蜡油带水的原因主要是：蜡油换热器内浮头泄漏或管束腐蚀穿孔；封油冷却器内漏。

（3）蜡油带水处理

查明原因采取相应措施，如蜡油换热器走副线，检修换热器；封油冷却器改走副线，并检修；联系调度，蜡油换罐，并适当降低蜡油出装置温度；封油罐暂时停收封油，罐内存油加快脱水，加强对机泵的检查，防止泵抽空；控好分馏塔顶压力。

5.3.4.2 分馏塔冲塔

（1）分馏塔冲塔现象

分馏塔冲塔的现象主要表现为：分馏塔的各点温度上升；分馏塔顶压力突然上升；集油箱液面突然上升；产品质量不合格，馏程宽，颜色深，严重时出黑油。

（2）分馏塔冲塔原因

分馏塔冲塔的原因分别是：原料性质变化或带水；分馏塔液面过高；系统压力突然下降；回流带水或回流中断(停电、泵故障、仪表失灵)；换塔时焦炭塔塔底油未甩净，或焦炭塔预热温度低造成焦炭塔冲塔；塔盘故障或降液管堵塞；处理量过大，超过允许负荷；各侧线回流量调节幅度过大，上部回流过大或过小。

170

（3）分馏塔冲塔处理方法

处理分馏塔冲塔的相应方法是：加强原料脱水；向外甩油，适当增加循环油量，降低分馏塔塔底液面；恢复系统压力；重新建立回流或调整顶部回流量；及时处理焦炭塔冲塔；降低处理量；若降低处理量，分馏塔故障仍无法排除时，按停工检修处理；加大蜡油、柴油抽出量；油品变重时，及时联系调度改罐；针对各种原因采取相应措施。

5.3.5 其他操作事故处理

5.3.5.1 原料中断

（1）原料中断现象

原料中断的现象主要表现为：进装置压力降低，流量为零；柴油原料油换热器壳程出口温度升高；原料油缓冲罐液面急剧下降。

（2）原料中断原因

原料中断的原因分别是：切换、预热泵时泵体内有水或有汽，或机泵冲洗油带水；控制阀失灵；改错流程或阀芯脱落；进装置阀门开度过小；原料油缓冲罐液面较低。

（3）原料中断处理

处理原料中断的方法是：联系调度，尽快恢复原料供应；加大循环油量；降低处理量；原料中断时间长，不能维持生产时，降温闭路循环；修复控制阀或改走副线。

5.3.5.2 原料油缓冲罐冒罐或突沸

（1）原料油缓冲罐冒罐或突沸的现象

原料油缓冲罐冒罐或突沸的现象有：原料油缓冲罐压力突然上升；原料油缓冲罐液面指示失灵，波动大；原料泵抽空；分馏塔塔底液面突然上升。

（2）原料油缓冲罐冒罐或突沸的主要原因

原料油缓冲罐冒罐或突沸的主要原因有：原料带水；原料管线或原料油缓冲罐存水未放净；焦炭塔塔底甩油带水；原料油缓冲罐集合管扫线头串入蒸汽的凝结水。

（3）预防原料油缓冲罐冒罐或突沸的措施

预防原料油缓冲罐冒罐或突沸的措施：开工前要尽量顶净管线内的存水；进油前要脱净原料油缓冲罐底部的存水；将原料油缓冲罐及管线相联的蒸汽阀关严，坏的要及时更换；正常生产时突沸，要及时找出原因，马上整改。

（4）处理原料油缓冲罐冒罐或突沸的方法

处理原料油缓冲罐冒罐或突沸的方法是：马上减少以至切断原料油缓冲罐渣油来量；将出装置的冷蜡油改进缓冲罐，降低其温度；因突沸造成分馏塔塔底液面过高时，应启动甩油泵甩油。

5.3.5.3 蜡油箱溢流

（1）蜡油箱溢流的现象

蜡油箱溢流的现象主要表现为：蜡油箱液面指示高；蒸发段、换热段温度下降；外送流量下降；分馏塔底液面升高。

（2）蜡油箱溢流的原因

蜡油箱溢流的主要原因分别是：抽出量小；泵抽空；抽出线后路不畅；蜡油箱液控仪表失灵。

（3）处理蜡油箱溢流的方法

处理蜡油箱溢流的方法是：加大抽出量；切换备用泵；对抽出线后路不畅应查明原因，及时处理；联系仪表处理。

5.3.5.4 分馏塔顶气液分离罐含硫污水带油

（1）分馏塔顶气液分离罐含硫污水带油的原因

分馏塔顶气液分离罐含硫污水带油的原因是：水液面过低；沉降时间不够；界面控制失灵。

（2）分馏塔顶气液分离罐含硫污水带油的处理

处理分馏塔顶气液分离罐含硫污水带油的方法是：提高水液面，增加沉降时间；控制阀由自动改手动或副线控制，联系仪表处理。

5.3.5.5 分馏塔塔顶焦化富气憋压

（1）分馏塔塔顶焦化富气憋压现象

分馏塔塔顶焦化富气憋压现象表现为：分馏塔塔顶压力升高，系统压力升高。

（2）分馏塔塔顶焦化富气憋压的原因

分馏塔塔顶焦化富气憋压的原因有：气体压缩机故障；3.5MPa 蒸汽压力下降；富气产量过大，气压机吸入量或反飞动量过大；仪表失灵；后冷温度过高。

（3）处理分馏塔塔顶焦化富气憋压的方法

处理分馏塔塔顶焦化富气憋压的方法分别是：焦化富气放火炬或供其他装置利用，联系检修压缩机；联系提高 3.5MPa 蒸汽压力；调整气压机操作；控制阀由自动改手动，联系仪表处理；调整后冷温度。

5.3.5.6　干气憋压

（1）干气憋压的现象及原因

干气憋压的现象及原因有：分馏塔、吸收塔、稳定塔压力上升；干气出装置量下降。

（2）处理干气憋压的方法

处理干气憋压的方法是：联系调度了解情况；压缩富气部分外排；上述方法无效时，则将压缩富气部分改火炬。

5.3.5.7　焦炭塔冲塔

（1）焦炭塔冲塔的现象

焦炭塔冲塔的现象有：焦炭塔压力锯齿形波动；焦炭塔顶部温度上升；冲塔严重时，安全阀跳开；分馏塔塔底温度突然升高；分馏塔液面增高，严重时塔底循环泵抽空。

（2）焦炭塔冲塔的原因

焦炭塔冲塔的原因有：炉出口温度偏低，泡沫层升高；处理量大，生焦超过安全高度；系统压力波动太大；新塔预热温度不够；换塔时，新塔油没甩净；原料性质变化；注汽量太大。

（3）处理焦炭塔冲塔方法

处理焦炭塔冲塔的方法是：提高炉出口温度；适当增加消泡剂注入量；降低处理量，采取紧急换塔措施；汇报班长，尽快平衡系统压力；确保新塔预热温度；换塔时，甩净新塔塔底油；加强联系，及时了解原料性质；控制好炉子注汽量。

5.3.5.8 塔底循环泵来量不畅或抽空

塔底循环泵来量不畅或抽空现象：泵出口压力下降；出入口管线温度下降；分馏塔塔底液面上升。

（1）出现原因

① 分馏塔底液面过低或塔底液面指示失灵。

② 封油量过大或带水，造成汽阻。

③ 泵入口管线蒸汽吹扫没关严，造成汽阻。

④ 分馏塔底温度过低，中部温度过低，使循环油中含大量轻组分。

⑤ 分馏塔底结焦或入口管线堵塞。

⑥ 开工初期塔底温度低，循环油内带水或轻组分。

（2）处理方法

① 当分馏塔液面过低时，可增大循环油返塔量。

② 分馏塔温度低，轻组分多时，适当提高分馏塔蒸发段温度。

③ 关小泵封油阀调节至合适量并检查，关严泵入口管线蒸汽扫线阀。

④ 如果泵抽空时间较长，调节后效果不理想，应立即降低处理量，并迅速提高中段回流及顶循环回流量，必要时启用冷回流，防止冲塔。

⑤ 迅速查明泵不上量的原因，及时处理。泵上量后，尽快恢复正常生产。

⑥ 由于塔底结焦或泵入口堵塞造成的循环油泵抽空，则应安排过滤器清焦，注意蜡油质量。必要时可请示降量或停工处理。

5.3.5.9 焦炭塔压力突然升高

（1）焦炭塔压力突然升高的原因

焦炭塔压力突然升高的原因有：系统压力增高；新塔试压后

未脱净水；冲塔；老塔冷焦时吹汽量过大；老塔冷焦时给水量过大或冷焦时串水；辐射出口温度过高或注汽量突然增大；原料性质变化或加工量过大；分馏塔淹塔；放空系统后路不畅。

（2）处理方法

查明压力增高原因，酌情处理；可适当向放空系统泄压。

5.3.5.10 瓦斯预热时新塔塔底温上不去

（1）瓦斯预热时新塔塔底温上不去的原因

瓦斯预热时新塔塔底温上不去的原因有：塔底进料线被焦堵塞；甩油线流程有误；10m平台过滤器堵塞；温度测量或指示故障；瓦斯总阀故障或起不到节流调节作用。

（2）处理瓦斯预热时新塔塔底温上不去的方法

处理瓦斯预热时新塔塔底温上不去的方法是：用蒸汽扫通焦炭塔底进料线；检查瓦斯预热流程是否畅通；过滤器处理畅通；联系仪表修理；联系钳工检查处理瓦斯总阀或调节最佳流量。

5.3.5.11 冷焦水给不进去或进水量很小

（1）冷焦水给不进去或进水量很小的现象

冷焦水给不进去或进水量很小的现象有：给水泵出口压力超指标；加大给水控制阀，塔顶压力无变化。

（2）冷焦水给不进去或进水量很小的原因

冷焦水给不进去或进水量很小的原因有：换塔时吹汽不及时或汽量太小，造成黏油回降，堵塞焦炭孔道；给水阀门焦堵；给水泵出口压力表指示失灵。

（3）冷焦水给不进去或进水量很小的处理

处理冷焦水给不进去或进水量很小的方法是：关水阀，用蒸汽扫通焦炭孔后带汽给水，水给进后停汽；关塔底进料阀阀后给汽，防止黏油回降，处理焦堵水阀；换压力表。

5.3.5.12 四通阀切不过去或转油线憋压

造成四通阀切不过去或转油线憋压的原因是四通阀气封太小，间内结焦；或未达到切换条件。

遇到四通阀切不过去或转油线憋压时，如切换时造成转油线憋压 1MPa 以上、且无法切换至原位时，加热炉立即熄火，切断辐射进料，停止注汽，由炉入口改紧急放空，并汇报调度和装置主管。

5.3.5.13　冷焦后放水不畅通

（1）冷焦后放水不畅通的原因

冷焦后放水不畅通的原因有：呼吸阀未开；给水冷焦不当造成炸焦，塔底管线被焦堵塞；放水线被堵；生焦孔被黏油堵塞。

（2）冷焦后放水不畅通的处理

处理冷焦后放水不畅通的方法是：打开呼吸阀；用蒸汽贯通塔底放水线或生焦孔。

5.3.5.14　瓦斯带油

（1）瓦斯带油现象及原因

瓦斯带油的现象是：烟囱冒黑烟；炉膛温度上升，炉出口温度上升。

造成瓦斯带油的原因是瓦斯分液罐未及时脱液或系统瓦斯严重带油。

（2）瓦斯带油的处理

处理瓦斯带油的方法是：查明瓦斯带油原因，脱尽瓦斯罐内存油；依情况部分或全部熄灭瓦斯火嘴。

5.3.5.15　加热炉进料流量孔板堵焦

（1）加热炉进料流量孔板堵焦的现象

出现加热炉进料流量孔板堵焦的现象是：入炉压力明显下降；处理量减少，辐射出口温度上升；堵焦严重时，炉出口超温。

（2）加热炉进料流量孔板堵焦的处理

处理加热炉进料流量孔板堵焦现象的方法是：严格控制炉温，孔板堵焦严重时，炉子降温或暂时熄火；请仪表工详细检查辐射量、入炉压力等参数；交替增加或减少分支进料量，适当敲打被堵孔板；被堵分支适当加大注汽量；辐射流量改手控或走副线，参照入炉压力控制流量，谨防流量过小，炉管结焦。

5.3.5.16　**富气带油**

（1）现象及原因

造成富气带油现象及原因是：压缩机入口压力、流量、汽轮机蒸汽流量波动；入口缓冲罐、气液分离罐凝缩油量大大增加；机组负荷变化，振动声音增大；分馏塔顶汽液分离罐液位高或泡沫网已坏。

（2）处理方法

处理富气带油的方法是：联系分馏迅速降低分馏塔顶汽液分离罐液面，降低富气入口温度；加强一段入口缓冲罐入口管线排凝。

第6章 水力除焦

水力除焦方法出现于 1938 年。由于水力除焦自动化程度高，清焦时间短，节省劳动力和钢材，有利于改善焦炭质量，减轻了劳动强度，改善了劳动条件，适合于大规模工业生产装置使用。因此，水力除焦的出现大大促进延迟焦化过程的完善和高速发展。

水力除焦是延迟焦化装置普遍使用的一种先进方法，有井架除焦、无井架除焦和半井架除焦之分。其中无井架水力除焦技术是我国自行开发的具有独立知识产权的技术，它具有建设周期短、节省钢材、建设投资较少等特点，在 20 世纪 60~70 年代先后采用了无井架水力除焦。随着焦化大型化，无井架除焦被有井架除焦代替。本章以有井架水力除焦为主加以介绍。

6.1 基本原理及焦量计算

6.1.1 除焦原理及基本流程

（1）除焦原理

由高压水泵输送的高压水，经过水龙带、钻杆到水力切焦器的喷嘴，从水力切焦器的喷嘴喷出的高压水，形成高压射流，借高压射流的强大冲击力，将石油焦切割下来，钻杆不断地升降和切焦器按一定的转速转动，直到把焦炭塔内石油焦全部除净为止。

（2）除焦水基本流程

清洁水从进水管 1 进入高位储水罐 2，由高压水泵 3 输送的高压水经除焦控制阀 4 到焦炭塔的顶部，通过球阀 8、水龙带 9 送到水龙头 10，进入空心的钻杆 14、水力马达 15 和切焦器 16，经切焦器上喷嘴喷到焦炭塔里，水和切割下来的焦炭一同落到焦炭塔底，经溜槽 19 进入储焦场 20，焦场的水经过几道栅栏用泵送回储水罐，而落入焦场的石油焦用桥式吊车抓走，分别用汽车和火车运送至客户处。在循环时，高压水从泵出口到除焦控制阀 4，然后从回水管 5 返回储水罐 2，流程如图 6-1-1 所示。

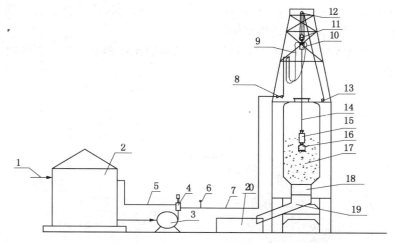

图 6-1-1　有井架水力除焦流程示意图

1—进水管；2—高位储水罐；3—高压水泵；4—除焦控制阀；5—回水管；
6—压力表；7—上水管；8—塔顶隔断球阀；9—高压胶管；10—水龙头；
11—游车；12—天车；13—绞车；14—钻杆；15—水力马达；16—切焦器；
17—焦炭；18—护筒；19—溜槽；20—储焦场

（3）钻机工作原理

水力除焦时，钻杆的上升、下降和水力马达带动切焦器旋转动作，可保证清除干净焦炭。这些动作都是靠其他的设备来带动的。

有井架钻具的旋转有两种方式：一种是由风动马达驱动风动水龙头来带动钻杆旋转，从而带动切焦器旋转。钻杆上端细丝扣接头直接与水龙头的活动部分连接。水龙头的活动部分由一个主支撑轴承把水龙头的活动接头以及钻杆支撑起来，固定部分上下都有盘根密封，水龙带接在固定部分的接头上。水龙头的上端是提升大钩，装有固定滑轮，钢丝绳绕过滑轮，一端固定在天车12的横梁上，另一端绕过天车和固定滑轮，固定在下面钻机绞车13的滚筒上。天车固定在井架的最高处。钻机绞车的可逆异步电动机经由变频器控制驱动蜗轮蜗杆减速器带动滚筒，将水龙头、钻杆、切焦器提升或下降。另外一种是通过安装在钻杆底部的水力马达来驱动切焦器旋转。

最新钻杆驱动技术有钻杆用电动顶驱系统驱动，顶驱系统组成见图6-1-2、图6-1-3。

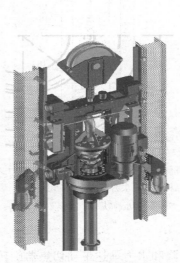

图 6-1-2　顶驱系统组成图

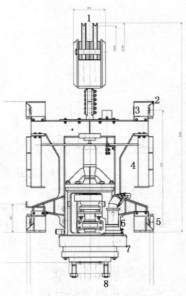

图 6-1-3　十字头总装图

1—游动滑轮；2—导轨；3—滚轮；
4—防自由落体锁止装置；5—带刹滚轮；
6—电机；7—钻杆驱动头；8—钻杆

6.1.2　焦量的计算方法

当除焦的准备工作完成时，司钻人员应当测量焦炭塔内生焦高度，给工艺分析物料平衡提供基础数据。

测量的方法是：将焦炭塔顶盖打开，放下钢卷尺，测量三个不同点并记录下读数，取平均值，根据测量塔的空高（减去顶盖机本身的高度），焦炭层高度等于空高−测量平均值。这种方法非常简便。测得焦层高度后，可以计算体积，根据密度算出质量。体积计算方法见前面第4章4.2。

例题：某厂延迟焦化装置，焦炭塔总高度22.5m，塔直径5.4m，锥体高度为4.24m，焦炭堆积密度为0.8360t/m³，测得焦高11.0m，焦炭的体积和质量是多少？

解：前面4.2中计算结果锥体体积为55m³，在圆筒部分每上升1m的体积是22.9m³。所以

圆筒体内焦炭体积=55m³+6.76×22.9m³=210m³

焦炭质量=210×0.8360=176t

在实际生产过程中，都用表格或图来计算，预先做好一个焦炭高度与焦炭体积关系图，进一步绘制成焦炭高度与焦炭质量关系图，见图6-1-4。

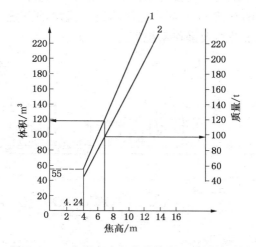

图6-1-4　焦炭高度与焦炭体积、质量关系图
1—焦炭高度与焦炭体积；2—焦炭高度与焦炭质量

181

使用图 6-1-4 的方法是在横座标上先找到焦高，向上作垂直线，交于直线 1 和直线 2，分别向左引水平线得焦炭体积，向右引水平线得焦炭质量。

例如，焦高 7m，查图 6-1-4 得体积为 118m³，得质量为 98t。

6.2　除焦设备及操作方法

6.2.1　高压水泵部分

6.2.1.1　设备简述

高压水泵是焦化装置的重要设备之一。高压水泵的作用是将水提高压力，除焦时提供有足够压力和流量的高压水，保证水力除焦过程正常进行。高压水泵与一般的离心泵相比具有扬程高、流量大、启动频繁、抗焦炭颗粒磨损及耐硫腐蚀等特点。

（1）高压水泵组的构成

高压水泵组主要包括电动机、齿轮增速箱、高压水泵、联合底座等，见图 6-2-1。与之配套的还有润滑油系统、冷却水系统、泵的仪表监控及操作系统等。

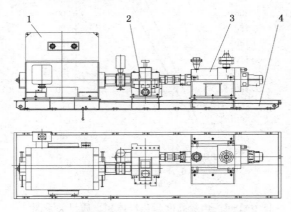

图 6-2-1　高压水泵组外形图（见除焦设备）
1—电动机；2—齿轮增速箱；3—高压水泵；4—联合底座

182

（2）高压水泵的主要结构

该泵为双壳体卧式多级离心泵。外壳体为桶形、内壳体为集装式的泵芯，它为径向剖分式的多级分段组合部件。泵芯可在不拆卸泵进出口管道情况下作为一个整体从泵体中抽拆出来。轴封采用集装式单端面平衡型机械密封。径向轴承采用四油楔动力滑动轴承，止推轴采用双向承受同等轴向力的可倾瓦结构，轴承采用强制润滑。平衡机构采用双平衡鼓与止推轴承的组合结构形式。

目前常用的高压水泵是 TDM200-160×11 型号。吸入口径为200mm，共 11 级叶轮。其主要性能为：输送介质清洁水，机械杂质含量不大于 5mg/L，水温常温，无腐蚀性；入口压力不低于0.1MPa；出口压力 20MPa；铭牌流量 180m³/h，扬程 2030m。

6.2.1.2 高压水泵的启动

（1）启动前的准备工作

① 盘车轻快，转动灵活，无摩擦声，运转部件上无其他物品；

② 高位储水罐必须是高液面（倘若用带压供水，要检查压力是否正常）；

③ 关闭泵出口阀门，分别在入口排空阀和出口排空阀排出管线泵体里的残余气体，引水灌泵；

④ 检查油箱内润滑油液面保持在 1/2~2/3 之间，检查润滑油是否变质、是否带水，确保润滑油质量合格；

⑤ 启动润滑油泵，控制各润滑点压力在 0.07~0.15MPa 之间（可根据现场实际情况调整）；检查各润滑点润滑情况是否良好，检查管路是否畅通；

⑥ 打开电机冷却水，并排空空气；

⑦ 调节好冷却水阀门，保持水量适当；

⑧ 加强联系工作，供电和维护单位确认机泵可以启动；

⑨ 联系除焦司钻，改好流程，试验联络讯号好用、清楚。

（2）启动

① 确认启泵条件；

② 关闭各排空阀门；

③ 确认塔顶上水球阀在全开状态且钻具在塔内 5m 以下；

④ 除焦司钻同意开泵；

⑤ 回讯号后即可启动；

⑥ 启动时使用软启动，等待 10~20s 软启动结束后，联系司钻预充，预充完成后除焦作业。

6.2.1.3 *正常维护*

① 检查电流是否过大，如果过大，可能是水量过大，要检查管路系统及钻具等各部分是否有跑水漏水，机泵是否有内部问题或电机有无故障，应联系电工钳工检查；

② 检查润滑油系统、水冷却系统、入口缓冲罐液面、电机及泵体振动情况；

③ 将各数据和运转情况等做好记录。

6.2.1.4 *停运*

（1）正常停泵

① 接到除焦司钻的停泵讯号后，回答讯号表示可以停运；

② 确认泵出口除焦控制阀回到回流位，除焦控制阀回到回流位时可停泵；

③ 打开泵出入口的放空阀门，排净管线内存水，在冬季要用工业风扫净存水，防止冻裂管线；

④ 停泵后每隔 5~10min 盘车一次，使轴承温度均匀下降到 40℃；

⑤ 停止冷却水和润滑。

（2）紧急停泵

高压水泵出现一般故障，虽然要停泵处理，但是不很紧迫，就可以按正常停泵方法停泵。特殊情况，如电机和泵体振动太严重，或有严重的摩擦撞击声，或水管破裂，或水管堵塞憋压等，就必须紧急停泵处理。停泵方法如下：

① 立即联系司钻将除焦控制阀切换至回流位，然后停泵，遇紧急情况来不及切换也可按紧急停泵按钮停泵；

② 停泵后立即盘车，检查问题；

③ 与除焦司钻、电工、维护钳工联系，做好相应工作；

④ 其他步骤可以按正常处理。

6.2.1.5 注意事项

① 启动时如果盘车盘不动，或有不正常声音不能启动；润滑油不合格，或变质，或入口缓冲罐液面太低不能启动；冷却水中断或水量太少不能启动；入口压力低于指标不能启动；联系工作没有完成，准备工作没有结束不能启动。

② 启动或停泵发现二次电路控制有问题不能动作时，要立即联系电工处理，启动不了要处理完后再启动，停泵停不下来或无法停要联系电工先切断电源后处理。

③ 备用机泵每天应当盘车一次，旋转角度半圈或一圈半，切不要盘车一圈或两圈（即整圈），主要防止大轴受力变形。

6.2.2 除焦控制阀

除焦控制阀（三位阀）垂直安装在高压水泵出口管道上，阀门关闭时阀芯在下端［见图 6-2-2(a)］，高压水经多级节流降压后排出，这时允许高压水泵在最小流量下起动或停泵。阀芯在中间位置时［见图 6-2-2(b)］，一部分高压水经多级节流降压后排出，另一部分高压水经另一组多级节流降压后通过高压管道进入焦炭塔内的切焦器，其作用是用小流量的水对高压管道进行预充满，防止水锤现象。阀门打开时阀芯在上端［见图 6-2-2(c)］，高压水经阀体通过高压管道进入焦炭塔内的切焦器，进行水力除焦。

6.2.2.1 结构

除焦控制阀主要由执行机构、阀体和行程控制等组成，执行机构可以是电动执行机构或气动执行机构，气动执行机构又分为气缸直接驱动和风动马达经过减速器驱动，图 6-2-2 是气缸直接驱动的除焦控制阀结构示意图。目前国内延迟焦化装置绝大部分都是采用这种结构形式的除焦控制阀，但也有茂名、齐鲁、扬子、金陵的延迟焦化采用了进口的电动除焦控制阀。

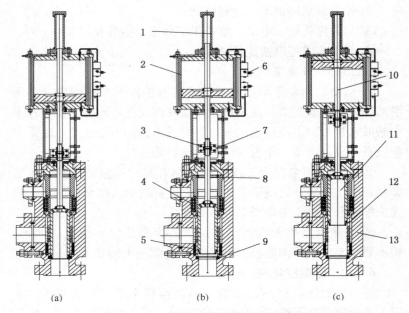

图 6-2-2　除焦控制阀工作状态示意图

1—压力平衡缸；2—气缸；3—联轴器；4—回流多级降压孔板；
5—预冲多级降压孔板；6—气动换向阀；7—接近开关；8—上密封座；
9—下密封座；10—阀杆；11—阀芯；12—阀套；13—阀体

6.2.2.2　工作原理

图 6-2-2(a)是除焦控制阀的关闭状态(也称回流状态)，这时阀芯处于阀体的下端，高压水从下部进入阀体内，经过多级回流降压(4)后流回高位储水罐。

图 6-2-2(b)是除焦控制阀的预充状态，这时阀芯处于阀体的中间位置，高压水分两路，一路经多级回流降压(4)后流回高位水罐，另一路经预冲多级降压后通过高压水管道进入自动切焦器。预充的主要目的是以较小的水流对高压水管道进行预充满，防止水击现象。

图 6-2-2(c)是除焦控制阀的全开状态，这时阀芯处于阀体的上端，高压水经过除焦控制阀进入高压水管道。

186

6.2.2.3 除焦控制阀的选用

选用除焦控制阀主要依据如下：

① 公称压力按高压水泵的最大扬程确定；

② 公称直径与高压水管道相匹配；

③ 回流流量与高压水泵允许的最小流量相匹配；

④ 预冲压力的确定与切焦器的喷嘴直径和数量有关，一般控制在 2~5MPa 之间；

⑤ 高压水中焦粉颗粒的最大直径应小于除焦控制阀内降压孔板中截流孔的直径。

6.2.3 切焦器

从结构原理上来分析，这些切焦器大概有以下几种类型。

① 螺母封堵式。

这种切焦器具有四个钻孔喷嘴与四个切焦喷嘴，用四个螺母交替封住四个切焦喷嘴或四个钻孔喷嘴来进行除焦，它的优点是由于采用一般的碳钢材料，所以价格比较低廉，除焦效果也不错，因此目前仍在许多焦化装置中使用，但是由于需要用人工拧下与安上四个喷嘴螺帽来实现钻孔和切焦工序的转换，操作比较麻烦，再加上喷嘴后面的导流弯管不易准确定位，很难做到射流产生的反力矩的完全平衡，切焦时可能会引起钻杆晃动。

② 转阀切换式。

这种切焦器是在螺母封堵式切焦器上方安装了一个转阀，只要用手柄把阀芯转动 90°可实现钻孔和切焦工序的转换，它既保持了螺母封堵式切焦器的优点，又具有操作方便的特点，应该说它比第一种切焦器前进了一大步，但它仍然没有完全解决前一种切焦器的某些缺点。

③ 微型切焦器。

这种切焦器只有一组与纵轴线有夹角的固定喷嘴，它不进行钻孔和切焦工序的转换，而是依靠切焦器多次上下来逐步进行切焦。这种切焦器的优点是体积小，重量轻，但由于切焦时间比较长，因此目前很少应用。

④ 活塞切换式。

这种切焦器主要是某些焦化装置前期从美国引进的除焦器，与国内四喷嘴切焦器不同的是它只有两个方向相反的切焦喷嘴，且基本上处于一条直线上，这样就消除了力矩不平衡的问题。但是它必须通过输入压缩空气推动内部活塞上下来实现钻孔和切焦工序的转换，它不但同样需要手动操作，而且还需要提供气源，切焦器内部结构也非常复杂，有时还会出现活塞卡住不能切换的现象。

⑤ 压差自动切换式。

这种切焦器也是利用切焦器内部活塞上下来实现钻孔与切焦工序的转换。与前者不同的是，它是通过切焦器内部一个换向阀在切焦水压力变化时使活塞上下腔产生的压力差来使活塞上升或下降。其特点是只要使切焦水的压力发生改变而不需将切焦器提升到塔外就可实现工序的转换。但是在实际使用时，它也会出现因某种原因而使得切焦器没有切换，这时操作人员很难判断切焦器在塔内的工作状态，以及无法知道切焦器在各种工况下的旋转速度。

（1）联合切焦器

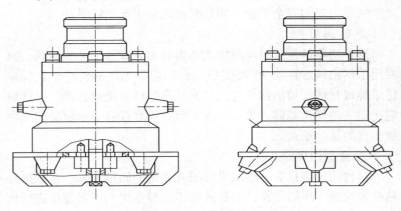

图 6-2-3　YL 型切焦器示意图

1999年，上海某石化公司从美国IDP公司引进两台联合切焦器，这种切焦器与前期引进的美国切焦器在外形上几乎完全相同，但是在内部结构上却有了很大的变化。在钻孔和切焦工序的转换原理上它与国内的转阀切换式切焦器是相同的，只需在外部将操纵杆转动90°就可使内部转向阀板实现钻孔和切焦的转换，既方便又可行，不但切换时间缩短而且还不需要气源。在消化、吸收国外引进切焦器的基础上，某设计院和上海某石化公司等单位研制、应用了YL型切焦器，见图6-2-3。

（2）自动切换切焦器

自动切换切焦器是国内1996年开发成功的，结构为4个切焦喷嘴对称布置（见图6-2-4），压力等级为16MPa。目前在直径6m以下的焦炭塔上广泛应用。在1.2Mt/a延迟焦化上将公称压力等级提高到42MPa，首次应用获得成功。实践证明这种结构的自动切换切焦器用于直径为8.4m的焦炭塔除焦效果良好。

在某公司的1.0Mt/a延迟焦化装置上，为了多生产块状焦，减少粉焦生产量，首次采用了两个切焦喷嘴（见图6-2-5）的自动切换切焦器，除焦效果良好。

图6-2-4　四个切焦喷嘴的
　　　　　自动切换切焦器

图6-2-5　两个切焦喷嘴的
　　　　　自动切换切焦器

自动切换切焦器结构见图6-2-6。

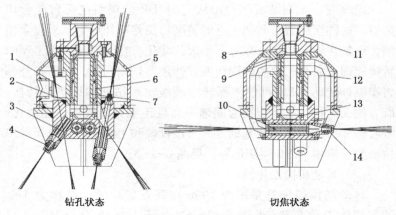

钻孔状态   切焦状态

图 6-2-6   自动切换切焦器结构示意图

1—两位四通阀；2—壳体；3—钻孔稳流器；4—钻孔喷嘴；5—保护罩；
6—阀套；7—阀芯；8—过滤器；9—上阀座；10—切焦稳流器；
11—联接法兰；12—导流管；13—下阀座；14—切焦喷嘴

  自动切换切焦器根据除焦工艺要求有两个工作状态，钻孔状态与切焦状态相互切换是依靠高压水的压力变化实现的，如图 6-2-7 所示。高压水 P_0 推圆形齿条（1）向左移动弹簧被压缩，齿条带动扇形齿轮顺时针旋转 90°，扇形齿轮轴上的月牙槽与棘轮一起转月牙槽的上下左右各对应 P、A、B、O 四个固定的进出水口，其中 P 是高压水入口，A 口与自动切焦器阀芯的下腔相通，B 口与自动切焦器阀芯的上腔相通，O 口是排水口。假定没有通入高压水时，如图中（a）、（c）状态，这时阀芯处在最下端并与下阀座接触堵住钻孔喷嘴，与此同时阀芯上端与上阀座脱离，高压水与切焦喷嘴相通，自动切焦器在切焦状态。当通入高压水月牙槽顺时针转动 90° 后，如图中（b）、（d）所示，这时阀芯处在最上端并与上阀座接触堵住切焦喷嘴，与此同时阀芯下端与下阀座脱离，高压水与钻孔喷嘴相通，自动切焦器在钻孔状态。当高压水压力下降后，在弹簧（2）的作用下圆形齿条（1）又回到图中（a）状态。

190

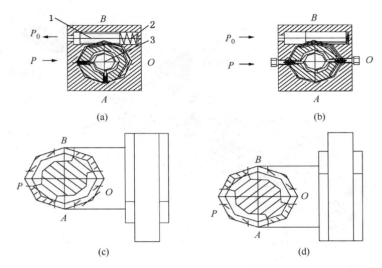

图 6-2-7　自动切换切焦器工作原理示意图

在水力除焦的实际操作中，自动切换切焦器钻孔与切焦之间的状态变化是靠除焦控制阀关闭一次使自动切换切焦器内的压力下降，然后再打开除焦控制阀使自动切换切焦器内压力上升来实现的。

6.2.4　水力马达

水力马达作为驱动自动切焦器转动的动力设备，是通过活塞对导轨产生的反作用力的径向分力，带动输出轴低速旋转，从而带动切焦器进行钻孔、切焦。

（1）结构组成

水力马达结构如图 6-2-8 所示，它由上接头、过滤器、上壳体、调速阀、配流环、驱动盘、活塞、导轨、下壳体、输出轴等组成。上接头和钻杆相连，输出轴和切焦器相连，活塞在驱动盘缸体内，导轨和下壳体固定，驱动盘和输出轴通过键相连，配流环上的出水孔和驱动盘缸体上的进水孔相连。

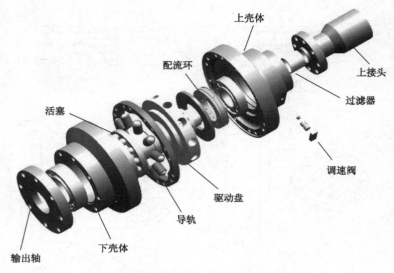

上壳体

上接头

过滤器

配流环

调速阀

活塞

驱动盘

导轨

输出轴

下壳体

图6-2-8　水力马达结构

（2）工作原理

高压除焦水经过滤器、调速阀到配流环，通过配流环将高压水分配至驱动盘上的缸体，高压水推动对应的活塞对导轨产生作用力，而导轨曲线对活塞产生的反作用力沿圆周方向的分力驱动输出轴低速旋转，输出轴带动切焦器的旋转，水力马达代替了水龙头和风动马达。

水力马达除了具有水涡轮减速器的优点外，还具有体积小、重量轻、流体阻力小等特点。但是水力马达的输出扭矩与输出转速成反比，当切焦器处于钻孔状态时，输出转速会有所降低。该产品目前已在十几套延迟焦化装置上应用，新建的1.6Mt/a延迟焦化装置上直径9.4m焦炭塔也是应用该产品。

该产品结构是参照液压元件中的径向液压马达设计的（内曲线多作用径向柱塞式低速大扭矩液压马达）。不同之处是，采用除焦水作动力时，由于水的润滑性差、具有腐蚀性，在设计中选材是极其重要的。

6.2.5　高压除焦胶管

国内第一套 1.0Mt/a 延迟焦化装置中，水力除焦系统用的高压除焦胶管是进口国外的产品，在 1.2Mt/a 延迟焦化装置扩能技术改造中，采用了国内研制成功的 PN42MPa、DN80mm 高压除焦胶管。在使用初期，出现过由于法兰与接头的焊接工艺问题发生漏水现象。经过改进焊接工艺，满足了生产需要。目前的实际使用寿命已超过 3 年。

6.2.6　钢丝绳张紧机构

在 1.2Mt/a 延迟焦化装置设计中，由于焦炭塔井架较高（设计最大高度 102m），为了保证钻机绞车与滑轮组之间的钢丝绳运行平稳及防止过载而发生事故，因此设计了钢丝绳张紧机构，如图 6-2-9 所示。该机构垂直安装在钻机绞车与固定滑轮组之间，钢丝绳从张紧机构的滑轮中通过，张紧机构下部设有配重块，在重力的作用下，使钢丝绳始终处于拉紧状态。张紧机构的滑轮可以上下移动，移动的上下极限设有接近开关，当滑轮处在上下极限时，接近开关发出电信号，经程序控制系统发出停止钻机绞车运行的指令。

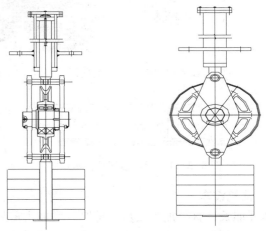

图 6-2-9　钢丝绳张紧机构示意图

6.2.7　钻杆

在设计 1.6Mt/a 延迟焦化装置时，水力除焦系统中的除焦水压力提到了 33MPa、流量提到了 300m³/h。在此之前，国内延迟焦化装置水力除焦系统所用的除焦钻杆为 5 吋半钻探用套管，壁厚只有 9.7mm，不能满足设计需要。如果进口国外产品，每根（约 40m）需要 10 多万美元。在这种情况下，有关技术人员对国内钻杆行业进行了大量调查，掌握了加工 7in 钻杆（图 6-2-10）的制造能力和加工工艺，并按有关标准设计了整体锻造除焦钻杆，如图 6-2-11 所示。

整体锻造除焦钻杆具有机械性能好，外径、内孔及两端接头均可通过机械加工来保证所要求的精度，并可根据不同的使用压力任意选择壁厚。

图 6-2-10　7in 锻造钻杆

图 6-2-11　锻造钻杆结构示意图

6.2.8　钻机绞车

由于钻杆加长、直径加大及增大壁厚，增加了重量，自动切换切焦器、除焦胶管、风动水龙头、水涡轮减速器等重量都明显

194

增加。生焦高度提高后，如果出现塌方，对切焦器的冲击力也要显著增大，这些都是焦炭塔直径增大，高度提高以后带来的新问题。钻机绞车(见图6-2-12)作为提供给滑轮组、高压胶管、钻杆、水涡轮减速器、切焦器在井架上下移动的动力设备，除了这些需要考虑以外，在出现塌方情况下，钻机绞车还要有足够的能力将它们从焦炭塔中提出塔外(在这种情况下，自动切焦器的反吹喷嘴能起辅助性作用)。钻机绞车主要由防爆电机、蜗轮蜗杆减速器、钢丝绳卷筒、抱闸、底座等组成。钻机绞车的速度控制国内一般采用变频进行无级调速，国外也有采用液压马达或风动马达进行无级调速。

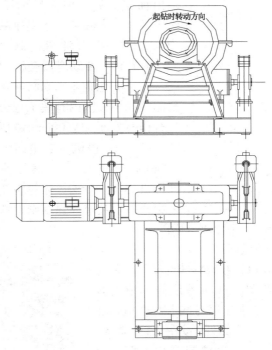

图 6-2-12　钻机绞车示意图

为了安全可靠，钻机绞车一般采用电动双抱闸、钢丝绳张紧

195

机构，并进入程序控制实行联锁。

6.2.9 风动水龙头

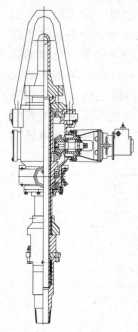

图 6-2-13　风动水龙头
示意图

在设计 1.0Mt/a 以上延迟焦化装置中，为了稳妥可靠，仍保留风动马达作为水涡轮减速器或水力马达的备用设备，并把输出扭矩提到了 5000N·m。

风动水龙头主要由风动马达、行星齿轮减速器、伞形齿轮箱和填料密封等组成，见图 6-2-13。输出转数一般在 5~6r/min，输出扭距在 3000~5000 N·m，输出轴与钻杆一般采用内平扣锥管螺纹，螺纹旋向必须与水涡轮减速器或水力马达自动切焦器保持一致。

6.2.10　自动塔顶盖机

在某石化企业 1.0Mt/a 延迟焦化装置的设计中，国内有关工程公司和制造厂合作开发了 DN900mm 塔顶盖机，见图 6-2-14。该机主要由两个液压油缸（带机械自锁）、一台液压油站、碟簧补偿机构及上下支撑体等组成。它同时采用八角形金属环强制密封和蒸汽辅助密封两种形式，确保密封可靠。

（1）结构原理

图 6-2-15 为 DN900mm 自动顶盖机结构示意图。自动塔顶盖机中设置上、下两对抱卡，每对抱卡对合抱箍在焦炭塔上塔口颈部处，并用螺栓紧固。塔顶盖侧部通过铰轴铰接在上部抱卡上。设置的主活塞缸（液压缸）其下端通过铰轴与下部抱卡铰接，上端与塔顶

图 6-2-14　自动顶盖机

196

盖通过铰轴铰接，在油缸向上顶起时，塔顶盖沿下端铰接轴转动，在主缸两侧对称设置两个锁紧用油缸（液压缸），并在主缸活塞杆上设置定位槽，锁紧油缸的活塞杆从两端顶入主缸活塞杆设置的定位槽内，用以将主缸活塞锁定。塔顶盖体上设置两个圆柱形孔，其内固定轴下端与主缸铰轴铰接，固定轴上套置有蝶簧组，其预紧力可通过调节螺钉调节，塔顶盖关闭时，蝶簧利用其预紧力将顶盖向下压、合、锁紧，保证法兰所需的密封力。主活塞缸对称设置在塔顶盖两侧，每个主缸设置有两个锁紧缸。两个主缸活塞杆同步向上，使顶盖沿铰轴翻转 90°开启，主缸下端同时沿铰轴转动一定角度。顶盖机设置有液压系统，可远距离控制顶盖机的开、合、压紧及锁定解锁等动作。液压系统设置有液压油站及操作台，液压油站采用防爆电机及防爆控制开关，操作台设置两个操作手柄，其一手柄控制两个主油缸开盖、关盖及停止，其二手柄控制四个侧油缸锁定及解锁，操作比较简单、灵活、安全、可靠。液压系统特设置液压锁，在运行期间误操作时能可靠保护设备。在除焦过程及生焦过程，液压系统属卸压关闭状态，整个液压管线没有压力，操作手柄不起作用。

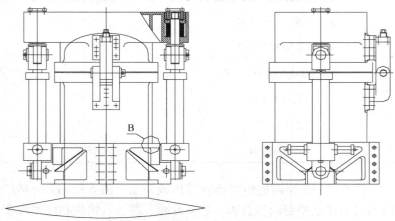

图 6-2-15　DN900mm 自动顶盖机结构示意图

因此，油泵停止后，随意扳动操作台手柄，不会对顶盖机起任何作用。

由以上结构介绍可知，顶盖机靠液压系统实现动作，当液压缸压紧锁定后，液压系统卸压，蝶簧实现压紧密封。塔口上下法兰及中间金属密封圈之间密封力可通过蝶簧机构与液压系统调整。焦炭塔内温度变化产生的变形可由蝶簧机构有效吸收，保证上下法兰可靠密封。金属密封圈处设置蒸汽辅助密封，确保油气无处泄漏。

（2）主要技术参数（见表 6-2-1）

表 6-2-1　自动顶盖机主要技术参数

项　　目	参数
顶盖机操作压力/MPa	0.3
介质	瓦斯气
工作温度/℃	420～460
液压系统流量/(L/min)	10
液压系统设计压力/MPa	31.5
液压系统工作压力/MPa	25
系统最大密封力/kN	1000
对顶盖提供的密封力/kN	808
防爆等级	d II BT4
开盖压力/MPa	2.5
开盖时间/min	2.5

图 6-2-16 为四缸型自动顶盖机效果图；图 6-2-17 为某厂研制出的多缸型自动顶盖机，它有升降、摆动、锁位和撑紧四个动作，采用八角形金属环密封及蒸汽辅助密封，主要特点是安装方便。

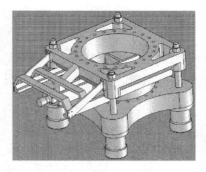

图 6-2-16　四缸型自动顶盖机效果图　　图 6-2-17　多缸型自动顶盖机

6.2.11　塔底盖装卸机

图 6-2-18 是塔底盖装卸机结构示意图。塔底盖装卸机安装在焦炭塔底部的平台轨道上，轨道中心与两个焦炭塔中心重合，塔底盖装卸机在轨道上移动。塔底盖装卸机上装有起重柱塞、风动扳手和保护筒，起重柱塞是装卸底盖用的，保护筒的作用是底盖卸下后将其套在塔口法兰上，使焦炭和除焦水经过保护筒顺利流进焦池，防止焦炭和除焦水四处乱溅污染周围环境。

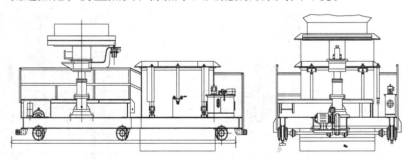

图 6-2-18　塔底盖装卸机结构示意图

6.2.12　自动塔底盖机

由于焦炭塔底盖的装卸工作是延迟焦化装置中工作环境最艰苦、劳动强度最大的岗位，对于直径 9m 以上的焦炭塔，国内从 2002 年起有工程公司与制造厂合作开始研究塔底盖自动装卸技术。

（1）结构及作用

自动塔底盖机主要由机架、伸缩油缸、底盖组件、下支撑、组合油缸、上支撑、保护筒、液压油站组成，见图6-2-19、图6-2-20。

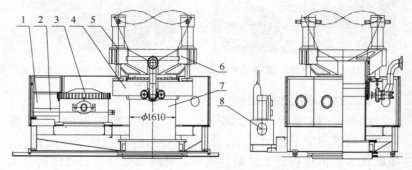

图6-2-19　自动底盖机结构及打开状态示意图

1—机架；2—伸缩油缸；3—底盖组件；4—下支撑；
5—组合油缸；6—上支撑；7—保护筒；8—液压油站

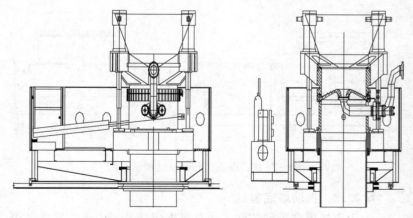

图6-2-20　自动底盖机关闭状态示意图

机架主要包括底盖机底座、侧板，底座上设有底盖水平移动的导轨、保护筒支撑圈、操作平台、大量放水时的导流管等。侧板上设有观察窗、门等，以防止焦炭和除焦水外溅而污染环境。

伸缩油缸是用来推动底盖组件作水平移动的执行机构，由于行程较大，所以要从底盖下部通过，因此采用了夹套式结构。伸缩油缸一端与机架铰接，另一端与底盖组件铰接，伸缩油缸不但自己作往复直线运动，还要绕两端支点摆动。

底盖组件的本体与目前焦炭塔使用的底盖大致相同，此外在底盖下端增加了一个支撑体，目的在于托动底盖和提高底盖组件的刚度，以便受压后减小变形。另外在进料口处增加了自动夹紧机构。

下支撑主要来托底盖组件和保护筒作升降运动，并传递密封力，所以要求有足够的刚度。下支撑的四个直角点通过碟簧机构（图6-2-21）与组合油缸的活塞相联接，下支撑的中心是与下塔口直径相同的通孔，下支撑的下面与保护筒联接，上面是底盖组件的支撑面。

组合油缸是自动底盖机的关键部件，它的作用有：底盖组件的升降；护筒的升降；提供底盖机的强制密封力；底盖机密封后的机械锁紧；保护筒提升后的机械锁紧。

上支撑是自动底盖机的主体，它的上面与下塔口法兰联接，四个组合油缸安装在它的四个直角悬臂梁端点上部，上支撑的下面是与底盖组件相互配合的密封面。

保护筒安装在下支撑的底部，保护筒上法兰的外圆是一个圆锥面，保护筒下降后靠锥面起定位作用。保护筒的内孔是正常除焦用的，保护筒外圆与机架之间是一个环形通道，当带水卸底盖时，大流量的冷焦水从这里通过进入贮焦池。

自动底盖机全部动力都是液压油站提供的，电机、电磁换向阀、压力继电器及程控操作台等都采用了防爆产品。

装在下支撑上的四组碟簧机构如图6-2-21所示，与组合油缸构成一整体，当组合油缸对底盖组件提供密封力的同时，碟簧被压缩。当组合油缸被机械锁住，液压油站停止工作，这时底盖

201

机的密封力是靠碟簧提供。通过调整碟簧预压缩量，就可调节底盖的强制密封力。碟簧组件的另一个作用是当温度变化时吸收热变形，而且温度越高对密封越有利。

为了保证密封可靠性，在八角形金属环密封的基础上又设置了蒸汽辅助密封（见图6-2-22），具体做法是在八角形金属环密封圈上下端面对称加工两个环形槽，在两个环形之间均匀分布钻几个孔，使两个环形槽相通，然后用大于焦炭塔内部操作压力的蒸汽通入环形槽内。

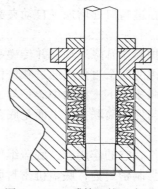 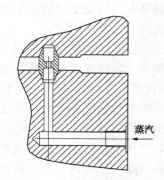

图6-2-21　碟簧机构示意图　　　图6-2-22　强制密封与蒸汽
辅助密封示意图

（2）国内外开发的几种自动底盖机

国内外开发的几种下部（或侧）进油自动底盖机分别见图6-2-23至图6-2-27。

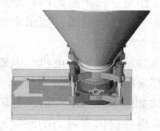 

图6-2-23　国内开发的下部进油自动底盖机

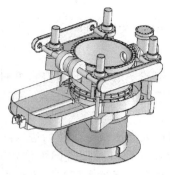

图 6-2-24　国内开发的侧进油
自动底盖机

图 6-2-25　国外开发的侧进油
自动底盖机

图 6-2-26　国外开发的下部进油自动底盖机

图 6-2-27　国外开发的下部进油自动底盖机

6.3 水力除焦系统的操作

6.3.1 水力除焦流程

水力除焦是延迟焦化装置生产中的一道工序，水力除焦的原理是利用高压水射流的动能对焦炭塔内的焦炭进行破碎，使其与塔壁脱离，靠自重下落排出焦炭塔。

高压水由高位水罐经过过滤器进入高压水泵，然后进入除焦控制阀，除焦控制阀出口分为两路：一路打循环流回高位水罐，另一路经高压水管道引至塔顶操作平台，通过高压胶管沿焦炭塔架分别延伸到井架顶部操作平台，接风动水龙头，在每个焦炭塔顶部高压水管线上各安装一个气动球阀，用来接通或切断供给该焦炭塔的高压水。切换切焦器喷嘴时，高压水经除焦控制阀流回高位水罐，切焦器达到自动切换目的，高压水通过钻杆组件、水涡轮减速器，最后通过自动切换联合钻孔切焦器形成高压水射流进行钻孔和切焦。

钻具的旋转由水涡轮或风动马达带动，钻具的升降通过钻机绞车卷放钢丝绳来实现。

在除焦过程中，焦炭和水同时落下，经过塔底盖装卸机的保护筒至塔底斜溜槽流进贮焦池。经过过滤，水进入沉淀池内经沉淀冷却等处理后作为除焦水循环使用；焦炭经抓斗起重机进行抓运。

6.3.2 水力除焦操作过程

（1）除焦前的准备

当焦炭塔内的焦炭被水冷却至 80℃ 以下，冷焦水从塔底管道放完以后，准备进行水力除焦操作。

① 接通水力除焦程序控制系统电源；

② 焦炭塔内冷焦水放干净后用塔底盖装卸机卸下底盖，并上好保护筒，检查保护筒油缸自锁机构是否正常；

③ 焦炭塔内压力为零时打开焦炭塔顶盖；

④ 在主控柜上完成选塔、选泵，主控柜上的指示灯显示高

压水泵检测系统指示正常，高位水罐液位指示正常，除焦控制阀处于回流位置；

⑤ 由主控柜向塔顶操作台、塔底联络柜发出准备启动高压水泵信号（灯光、声响）；

⑥ 塔顶接到启泵信号后，确认切焦器喷嘴直径与对应的高压水泵流量相匹配及处于钻孔状态后，启动钻机绞车，钻具进入塔内，距离塔口6~8m时，塔顶对应的气动球阀自动打开，另一塔的气动球阀处于关闭状态，在塔顶操作台上的指示灯显示正常；

⑦ 由塔顶操作柜和塔底联络柜向主控柜发送允许启动高压水泵信号（灯光、声响）；

⑧ 主控柜接到以上信号后启动高压水泵。

（2）钻孔

① 高压水泵运行正常以后，由塔顶操作柜切换除焦控制阀到预充状态，待管线压力升到塔顶管线压力开关整定压力值时，预充指示灯亮。

② 由塔顶操作柜切换除焦控制阀到全开状态。

③ 由塔顶操作柜启动钻机绞车，选择适当的钻孔速度，操作柜上应显示切焦器的位移及除焦状态，显示斜溜槽的出焦情况。下钻时要尽可能地快，以减少塔内的存水，钻孔速度可根据焦炭硬度情况随时进行调整，以钻具不直接接触焦层（即不顶钻）为宜，自上而下一直钻通为止。

④ 切焦器接近焦炭塔下极限位置时，观察塔顶操作柜（FBK）上电视屏显示斜溜槽的出焦情况，斜溜槽中出现大量焦炭时，应使钻机绞车停止下降。

（3）扩孔

① 观察斜溜槽基本没有焦炭流出时，启动钻机绞车使切焦器以适当速度将钻通的孔径扩至1500mm左右。

② 切焦器提升到焦层高度以上，斜溜槽中出来的焦炭明显减少时，停止钻机铰车，切换除焦控制阀使其处于回流状态。

（4）切焦

① 在上述情况下，塔顶高压水管线内水压降至 0.5MPa 以下时，由塔顶操作台（FBK）切换除焦控制阀到预充状态。

② 当高压水管线内压力升至压力开关整定压力值时，塔顶操作台上预充完成指示灯亮。

③ 由塔顶操作台切换除焦控制阀到全开状态，这时切焦器自动切换成切焦状态。

④ 由塔顶操作台启动钻机绞车，使切焦器在塔内作上下往复运动。不断观察斜溜槽的出焦情况，直到把塔内焦炭除净为止。

⑤ 由塔顶操作台（FBK）切换除焦控制阀到回流位置。

⑥ 将钻杆及胶管内的水排净后把切焦器提出塔口 1500mm 以上停止钻机绞车，由塔顶操作柜通知主控柜停止高压水泵。

⑦ 安装焦炭塔顶盖和底盖，准备进料生焦。

在除焦过程中，抓斗桥式起重机配合，将经过斜溜槽流入焦池的焦炭及时抓走并分布在贮焦池内。

6.4　除焦方法对比分析

目前广泛采用的除焦方法是有井架和无井架两种，此外还有工业试验性质的半井架水力除焦。前面介绍的是有井架水力除焦，这里简单介绍无井架水力除焦，并进行对比。

6.4.1　无井架水力除焦

无井架水力除焦方法、原理与有井架水力除焦方法原理是一样的，同样是高压水经过切焦器的喷嘴形成射流切割焦层，以达到清除焦炭的目的。无井架水力除焦与有井架水力除焦不同的是，取消了很长的钻杆，取消了很高的井架。无井架除焦的流程如图 6-4-1 所示。

从图 6-4-1 看出，高压水经进水管进入高位储水罐，高压水泵抽储水罐的水，以 20MPa 的压力送到焦炭塔顶，高压水经过水龙带和水力马达到切焦器，切焦器喷出的高压水切割焦炭塔里的焦炭，除焦水和切下的焦炭从焦炭塔底落入 28°溜槽，进入储焦场地。

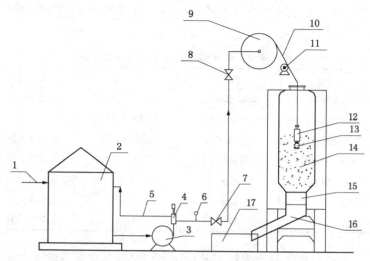

图 6-4-1 无井架水力除焦流程示意图

1—进水管；2—高位储水罐；3—高压水泵；4—除焦控制阀；5—除焦控制阀回流管；
6—压力表；7—泵出口隔断球阀；8—塔顶隔断球阀；9—水龙带绞盘；10—水龙带；
11—水龙带导向装置；12—水力马达；13—切焦器；14—焦炭；15—保护筒；
16—28°溜槽；17—储焦场

无井架水力除焦的水龙带是绕在滚筒上的，一头与水管连接，另一头是水龙带经过导向装置与切焦器上端的水力马达连接。

水龙带只作上下运动，不旋转。水力马达和切焦器的上下运动是由绕在滚筒上的水龙带提起或降落的。滚筒的旋转有专门的操纵设备，这与有井架的操纵设备一样。

6.4.2 有井架与无井架水力除焦方法的比较

有井架水力除焦，必须有高大的井架，建设时钢材耗量和投资费用较多，但后期维护费用较低，尤其是高压水龙带损耗较低。

无井架水力除焦，损耗高压水龙带较多，例如某厂是无井架水力除焦，每年要损耗水龙带达 15 根；另一个厂是有井架水力除焦，每年损耗水龙带平均不到 9 根。有井架和无井架水力除焦比较见表 6-4-1。

表 6-4-1　有井架与无井架水力除焦比较

项　目	有井架	无井架	备　注
除焦时间	除焦时间较短	除焦时间较长	除完一塔焦
耗水电情况	耗水电量较少	耗水电量较多	除完一塔焦
耗水龙带情况	耗损量较少	耗损量较多	以年度计算
基建钢材量	用钢材量较多	用钢材量较少	指建装置时用量
基建投资	较多	较少	指建装置时用量
附属设备	较多	较少	指除焦系统
维修费用	较少	较多	以年度计算

无井架水力除焦损耗水龙带较多的原因是水龙带除了承受高压水的压力外，还承受水力马达、切焦器和水龙带本身的重量，高压水龙带在除焦过程中，充压的胶管在绞盘上不断受弯曲力的作用，胶管进入焦层后受热橡胶易老化，使用和维护费用很高，这些因素造成无井架除焦方式慢慢退出历史舞台。有井架的水龙带不受这些因素的影响。

当操作中发生焦炭的塌方，有井架影响很小，而无井架的水龙带就受到了更大的冲击力，甚至于把水龙带拉坏。水龙带的损坏造成维修费用高，同时给操作带来麻烦。所以，无井架水力除焦的操作更要精心一些。

第7章　延迟焦化装置 HSE 技术规程

7.1　安全生产技术规程

7.1.1　装置技术安全特点

延迟焦化装置是炼油厂渣油深度加工、提高轻油收率的重要加工装置，认真搞好装置的防火防爆工作，严格执行关于安全生产的禁令和规定，保证装置安全、稳定、长周期、满负何生产，不超温、不超压、不串油、不冒罐、不发生各类事故是装置基础安全的要点。由于加工的原料性质变化大，因此在技术安全方面必须要有独立顶岗经考试合格的人才能上岗作业，同时必须持有安全作业证。

7.1.2　建立各类安全管理制度

（1）安全管理制度

安全管理制度主要有：

① 人身安全管理制度，最关键的是要遵守"人身安全十大禁令"、中国石化"安全生产禁令"。

② 直接作业环节管理规定，包括用火管理制度、高处作业管理制度、进入受限空间作业管理制度、破土破路管理制度等。

③ 消防、气防设施管理制度。

④ 设备管线吹扫制度。

⑤ 设备管线试压制度。

⑥ 防火、防爆安全管理制度。

⑦ 防止硫化氢中毒安全管理制度。

（2）岗位安全操作规程

岗位安全操作规程主要有：

① 班长岗位安全操作规程。

② 副班长岗位安全操作规程。

③ 内操岗位安全操作规程。

④ 外操岗位安全操作规程。

⑤ 加热炉岗位安全操作规程。

⑥ 除焦岗位安全操作规程。

⑦ 高压水泵房岗位安全操作规程。

⑧ 装车行车岗位安全操作规程。

（3）系统安全操作规程

系统安全操作规程主要有：

① 分馏系统安全操作规程。

② 加热炉系统安全操作规程。

③ 焦炭塔系统安全操作规程。

④ 加热炉进料泵系统安全操作规程。

⑤ 泵系统安全操作规程。

⑥ 循环水系统安全操作规程。

⑦ 压缩机系统安全操作规程。

⑧ 除焦系统安全操作规程。

⑨ 装置开工、停工安全规程。

7.1.3 生产事故处理原则

在正常生产的同时，各种事故可能会突发性地发生，如遇自然灾害时会发生各种天灾，生产上会碰到晃电、停电、停风、停水、停汽的外来影响，设备上因开工周期的影响而产生腐蚀泄漏，操作上由于某些人的职任心不强和技术的一知半解而造成各类特大事故，总之，事故每时每刻都在威胁着我们，因此，操作人员要每时每刻都要牢固树立安全第一，警钟长鸣的思想，应制定包括总体应急预案、火灾爆炸应急预案、危险化学品应急预案、放射性事件应急预案、液态烃窜入水系统突发事件应急预案、电力系统应急预案、油气管线泄漏应急预案、洪汛灾害突发事件预案等预案，在各类事故发生时，要冷静、沉着正确判断安全故障的原因，及时启动应急预案，并及时向有关领导汇报事故状况，尽量把事故的损失缩小到最小，如遇人员中毒时，最紧迫的是将中毒人员远离毒源头，移到安全通风的地方，进行现场抢救，并及时通知医院来车抢救，要佩带好空气呼吸器进行抢救，防止抢救人员二次中毒。

7.1.4 一般防火防爆规定

一般的防火防爆规定有许多，在日常的生产及维护工作过程中，注意以下事项：

① 严格遵守操作规程和安全规定，避免违章指挥、违章作业、违反劳动纪律。

② 塔、机泵、容器、设备及管线上的压力表必须定期校验、检查，搞好等级分类，正常操作时必须时刻注意变化情况，严防设备超压。

③ 加强设备维护和检查，防止因设备腐蚀引起的各种爆燃事故。

④ 正常生产时，生产人员禁止进入配电间，有事需联系电气维护或值班人员来处理。

⑤ 检查机泵时，严禁敲打电源线，搞卫生时严禁用油擦洗机泵和用水冲电机。

⑥ 启动机泵时，禁止带负荷合闸，防止电机烧坏和供电系统故障。

⑦ 严禁用汽油擦洗设备、衣物，并禁止在高温部位烘烤手套、衣物等。

⑧ 加热炉开工点火前必须经化验可燃气合格后方可点火，点火时人要避开看火窗，防止回火伤人。

⑨ 停工扫线时，轻质油线必须先用水顶完线后方可开汽吹扫。

⑩ 严禁向含油污水和假定净水系统排放瓦斯及凝缩液、汽油。

⑪ 各种机动车辆进入生产装置必须办理进车票。

⑫ 装置开停工过程中，严格执行开停工用火管理规定。

⑬ 各岗位的消防设备必须完好无缺，列入交接班内容，落实好各种灭火器材的"三定"要求，保证好用。

⑭ 上岗人员必须穿戴好劳动保护用品，严禁穿带钉子鞋、凉鞋、高跟鞋，女同志头发不允许超过肩，外出检查必须戴好安全帽、对讲机、便携式硫化氢报警仪，噪声超标区域要带好耳塞。

⑮ 所有施工人员进入装置作业，必须按规定办理相应的作业许可证。

⑯ 严禁未经三级安全教育合格的人员独立顶岗操作。

⑰ 严禁穿戴产生静电的服装进入油气区工作。

⑱ 装置接触硫化物时，要做好个人防护措施；可能产生硫化亚铁自燃的清罐、塔作业时要有安全措施。

⑲ 为防止焦炭塔误操作，应制定专项安全操作规程，防止可能出现的火灾、爆炸事故。

7.1.5 防雷、防静电安全规定

炼油过程中产生的静电，如果电压较高时会影响安全生产，使人体遭受电击，并引起着火、爆炸。一些实验表明，在静电达300V 时，就可能使汽油、乙醚等易燃液体、可燃气体与空气混合物爆炸燃烧。此外，由于人体电容平均约为 200pF，如果人体带有 2000V 左右的静电，则其放电能可达 0.4mJ，这就足以点燃气体了。做好夏季雷暴天气的应对措施至关重要。

① 每年春季要安排好各类设备的防雷防静电接地点检测工作，并配合电气部门搞好建档工作，同时对每年春季测试做好记录。

② 安全部门要定期、定人联合设备管理部门对各设备防静电接地点接触是否完好进行检查。

③ 保证各类固定式可燃气体报警仪的正常运行。

④ 进入本装置人员不准穿容易产生静电的服装和鞋靴，在爆炸危险场所不准进行产生静电和火花的相关作业。

⑤ 严禁使用汽油、苯类等易燃溶剂进行设备器具的清洗。

7.1.6 停工检修安全规定

① 要认真做好装置停工检修的准备工作，成立检修指挥部，对检修实行统一领导、统一指挥，其成员要明确分工，各负其责。

② 停工检修项目应做到五定，即定检修方案、定检修人员、定安全措施、定检修质量、定检修进度。

③ 负责检修的人员应对检修所用的机具、材料、设备等进行认真的检查和准备，并做好各类机具、材料、设备的摆放布局。

④ 装置停工检修必须制订停工、检修、开工方案及安全措施。

⑤ 检修人员在进入现场前，要拟定有关停工检修安全管理工作的措施，检修指挥部要召开动员会，对参加检修的所有人员有针对性地进行安全思想、安全管理制度、安全操作规程的教育，落实停工检修措施。

⑥ 装置停工后，有毒害气体不得乱排放，扫线时不得任意排放物料。

⑦ 物料出口管线加盲板时应按停工方案盲板流程图严格执行，并做好明显标记，指定专人统一管理，防止漏堵漏抽。

⑧ 在停工检修中，罐、槽、塔、管线等设备存留易燃、易爆、有毒、有害物质时，其出入口或与设备系统连接处所加的盲板，应挂上"有物料，禁动"的警告牌，并指定专人看管。

⑨ 打开设备的人孔时，其内部温度、压力应降到安全条件以下，并从上而下依次打开。在打开底部人孔时，首先确认设备内部的残余液体已经放空。切记不要把螺栓一下全部拆开，严防烫伤人员。

⑩ 含油污水系统的检查中，漏斗要用石棉布和黄泥封死，装置区内的明沟、地坑、地面、平台及设备、管道外表的油污、物料要处置干净，避免动火时发生意外。

⑪ 生产与检修要有明确的交接程序和手续，所有工艺处理

必须经有关人员联合检查确认后，方可进行检修施工。

⑫ 所有检修人员进入现场必须戴好安全帽和穿戴好个人防护用品。

⑬ 检修现场必须严格用火管理，动火必须按"安全用火管理制度"办理用火作业许可证，严格审批手续，监火人员应坚守岗位，严禁撤离职守。

⑭ 凡进入受限空间内作业，必须在装置停工前拟定首次进入受限空间作业安全方案，并经相关部门审批后，按规定办理进入受限空间作业许可证，落实监护人员和防范措施，准备好相关的救生器材和消防器具。

⑮ 进入设备内作业人员应清理衣袋，禁止携带与作业无关的物品，所带入工具、配件等必须登记清楚，作业结束后应一一清点，严防遗留在设备内部。

⑯ 设备内部作业的工作照明电压等级应符合国家安全电压标准，不准超过 12V，电线绝缘必须良好。

⑰ 在清理容器内少量可燃物料残渣、沉淀物时必须使用不产生火花的工具(木、铜质工具)，严禁用铁器敲击、碰撞。

⑱ 进入设备内作业时间不宜过长，应轮换休息。

⑲ 停工检修前装置应提交检修安全确认表(见表 7-1-1)，由安全部门统一组织检修前安全联合检查。

表 7-1-1　停工作后生产装置检修安全检查表

单位：_____　　　装置：_____　　　计划检查时间：____年____月____日

序号	检查内容	确认人
1	装置已按方案全面停工结束。	
2	按停工方案和工艺要求切断进出装置的物料，且各种物料按有关规定退出装置区。	
3	装置所有工艺设备、容器、管线已按规定时间进行彻底处理置换、吹扫干净，低点导淋打开，确认畅通，放净残余介质，并由各扫线负责人在吹扫方案上签字(系统至少 4~5 点分析可燃物体积<0.5%)。	

序号	检查内容	确认人
4	装置与外界系统、本装置与外装置之间关联部位的盲板已调装完全,并专人负责挂牌、登记、签字。	
5	装置隔油池中积油已抽净送出装置。	
6	地漏、阴井等冲洗、处理干净,并采取防范措施,达到用火条件。	
7	全面分析所需进入作业设备内的氧含量、可燃气含量、有毒有害气体含量,并有质检中心、职防所的分析合格报告方可进入作业。	
8	检修用火监火人员已安排落实,消防器材、消防水、消防蒸汽带剂全到位,消防通道畅通,气防器具完好备用。	
9	运行部全体参加检修人员已经进行了检修动员和检修前安全教育。	
10	对检修方案等已进行了风险评价,制定了风险控制措施,并对员工进行了培训。	
11	有已经审核批准的检修计划,并安排好检修进度。	
12	重大检修、技改、扩建项目已编制好施工方案和安全技术措施,报请施工主管部门和安全环保处审查,经总工程师或总经理批准。	
*	补充确认措施: 特殊情况,罐、槽、塔、管线等设备存留易燃、易爆、有毒有害物质时,已加堵全盲板,挂好"有物料,注意防火、防毒"警示牌,并专人看管。	

装置负责人签名:_____   实际检修进入时间:___年___月___日

7.1.7 装置开工安全规定

经过大修后的生产装置,可能部分流程发生了变更,除要严格执行变更管理、编制操作规程外,更要加强人员的培训、学习,并按表 7-1-2 由安全部门牵头对生产装置进行开工前安全联合检查。

表 7-1-2 生产装置停工检修开工前安全联合检查表

单位：_____ 装置：_____ 计划投料日期：____年____月____日

序号	检查内容	责任者
1	有经审核会签的开车方案、升温曲线及升压、升速具体要求，并对员工进行了培训。	
2	对开工过程中作业风险进行了评价，制定了相应的控制措施，并对员工进行了培训。	
3	系统气密试验、氮气置换合格(本项在进物料前确认)	
4	操作人员安全教育、业务培训考试合格	
5	消防器材完整，消防通道畅通，气防器具完好。	
6	压力表、温度计校验合格，并按规定安装好。	
7	排放系统畅通(包括液相、气相)。	
8	安全阀全部校验合格，有铅封。	
9	传(转)动设备防护装置复位牢固。	
10	平台、扶梯、栏杆复位牢固，无杂物。	
11	工具、起重机具、废旧材料撤出现场。	
12	呼吸阀、防爆膜检查符合要求。	
13	防雷、防静电接地检查合格，临时电源拆除、照明良好。	
14	安全联锁全部调试完毕，达到可靠、灵敏、准确。	
15	仪表及液位计、报警系统全部检查校验合格。	
16	脚手架、检修用支架全部拆除，场地平整无杂物。	
17	火灾报警系统、可燃气体、有毒气体报警仪调试合格，已投用。	
18	生产科对检修中工艺变更部分进行了风险评价，已经进行了变更管理，并对员工进行了培训。	
19	设备科对检修中设备变更部分进行了风险评价，已经进行了变更管理，并对员工进行了培训。	
补充确认措施：		

装置负责人签名：_____　　　实际投料日期：____年____月____日____时

7.2 职业卫生与劳动保护

7.2.1 职业卫生

职业卫生在延迟焦化装置中显得比较重要，因其在生产过程中使用放射源、产生的焦场扬尘、高硫油加工存在的硫化氢、机泵设备运转时的噪音等，做好个人职业防护、保护劳动者身体健康尤为突出，主要应包括下列内容：

① 职业危害的识别，也就是认识作业场所存在哪些职业危害因素。即识别作业场所危害因素的种类并评价其危害的程度，这是采取措施的基础。通常通过实地查看和查询资料（如生产过程，操作方法，使用的原料、中间体、成品、副产品）等来进行。定性和定量的评价已识别的危害因素的危害程度，要运用各种技术对作业环境中有害因素的水平进行定量测定，还要确定作业人员的接触情况，包括接触时间、危害因素侵入人体的途径等，有时还要查询医学检查的数据等。

② 根据上述识别出的职业危害因素，采用控制或消除作业场所中职业危害因素的措施。措施通常包括管理措施、技术措施和个人措施。

7.2.2 预防硫化氢中毒措施

装置油水分离器排放出来的水为高含硫污水，该污水中硫化氢组分较多。另外，放空系统的油水分离器排放出来的水中含硫化氢组分也较多，包括目前正在加工的高硫油，其中瓦斯中硫化氢浓度都在百分比级别，所以焦化装置中的含硫污水、汽油、瓦斯、液态烃、凝缩油及含油污水系统中为硫化氢高浓度存在区域或场所。硫化氢是强烈的神经性毒物，对黏膜也有明显的刺激作用。特点是：低浓度时，对呼吸道及眼的局部刺激作用明显，浓度越高，全身体作用越明显，表现为中枢神经系统症状和窒息症状。车间内硫化氢在空气中最高允许浓度为 $10mg/m^3$，因此在日常工作中，你感到臭味强烈，但仍能忍耐，这是可能起局部刺激及全身症状的浓度，此时的硫化氢浓度已达 $30 \sim 40mg/m^3$，所以工作人员必须迅速撤离现场，以确保人身安全，必要时联系职防所来现场测定(硫化氢中毒时不同浓度对人身的危害见表7-2-1)。在日常工作中如发现有人出现中毒时，必须按相关应急预案进行处置。

表 7-2-1　不同浓度硫化氢对人身的危害

浓度/(mg/m³)	接触时间	毒性反应
1400	立即	昏迷并呼吸麻痹而死亡，除非立即人工呼吸急救，在此浓度时嗅觉立即疲劳，其毒性与氢氯酸相似
760	15~60min	可能引起生命危害，发生肺水肿、支气管炎及肺炎，接触时间更长者，可引起头痛、头昏、激动、步态不稳、恶心、呕吐、鼻咽喉发干及疼痛、咳嗽等
300	1h	可引起严重反应，眼和呼吸道黏膜强烈刺激症状，并引起神经系统抑制，6~8min即出现急性眼刺激症状，长期接触可引起肺水肿
70~150	1~2h	出现眼及呼吸道系统刺激症状，长期接触可引起亚急性或慢性结膜炎，吸入2~15min即发生嗅觉疲劳
30~40		臭味强烈，仍能忍耐，这是可能引起局部刺激及全身性症状的浓度
4~7		中等强度难闻臭味
0.4		明显嗅出
0.035		嗅觉

7.2.3　放射防护

在工业生产中，常见的射线，按特性可分为 α、β、γ、x 和中子五种，它们对人体都具有穿透能力和电离能力，能对人体内组织产生破坏作用。

延迟焦化装置在焦炭塔上安装了中子料位计，虽然此类源归类为Ⅳ类放射源，对人体正常情况下基本没有伤害，但裸露源还是会产生部分危害的，因此在生产中要防止中子辐射对人体的危害，几种具体的防护措施是：

① 用铅、铝、铁和重混凝土等材料制成足够厚度的防护层，挡住射线；条件好的，可采取远距离操作或自动控制；条件差的，尽可能加大工作地点与放射源之间的距离，采取远距离操作器械。

② 防止射线内照射，主要是防止放射性物质进入人体内。采取严格措施，从生产设备上加强对含有放射性灰尘的控制，同时通风换气，使工作场所空气中所含放射性灰尘降低到允许浓度以下。

③ 工作人员在操作时要戴口罩、橡皮手套、穿工作服，工作完后要洗手、洗澡，并经常清洗工具。

④ 对排出的放射性固体废物、废水、废气应作相应处理。

⑤ 加强对放射源的管理，建立放射源管理台账。

⑥ 每年接受政府部门进行的年度检测，不合格要查明原因进行整改后复测，直到合格为止。

7.2.4　噪声防治

延迟焦化装置生产时的噪声源为加热炉、空冷器、机泵、气压机及非正常生产时的蒸汽放空，采取的治理措施为：加热炉采用低噪声火嘴，蒸汽放空点加消声器，对功率较大的电机加隔声罩，高压水泵采用低噪声电机，气压机安置在室内，控制厂界噪声符合国家标准。每季度进行一次检测，并把监测数据公示在监测牌上。

7.3　环境保护

保持好生态环境，实现可持续发展、绿色低碳、环保发展，越来越被人们所重视，环境的优劣关系到人类的健康与生存，也关系到企业的生存发展，人人都有保护环境的职责。作为生产的实体，要严格按环境保护、清洁生产的有关规定组织生产，真正做到环保设施与主体生产装置"三同时"，即：同时设计、同时施工、同时投入生产和使用。

7.3.1　装置停工过程及停工期间环保工作

装置停工过程及停工期间环保工作主要有：

① 停工前按停工方案编制吹扫方案，安全平稳组织停工。

② 扫线期间的含硫、含油污水必须各行其道，必要时可增加临时设施以达到密闭吹扫的目的。

③ 吹扫期间要保持空冷设备的正常运行。

④ 在装置开工进油前，提前将环保设施中的设备安装就位，达到运行条件，做到停工时最后停运环保设施，开工时最先开环保设施。

⑤ 各低点排空、放空要全部关死，油进装置期间，要加强检查，以防跑油。

⑥ 要控制好各容器的界、液位，严禁装满跑油或切水带油。

⑦ 及时回收隔油池中的污油。

⑧ 加强跑、冒、滴、漏检查，发现泄漏及时联系保运人员处理。

7.3.2　主要污染物和污染源排放

（1）废水排放及治理原则

延迟焦化装置废水排放主要有含油污水、含硫污水、生产废水，废水排放及控制措施见表7-3-1。

表 7-3-1　废水排放及控制措施

排放点	废水类别	排放方式	排放地点	控制措施
分馏塔顶气液分液罐	含硫污水	连续	粗汽油罐	管道输送，严禁明排
富气、瓦斯分液罐	含油、含硫污水	间断	含硫污水系统	密闭排放，严禁明排
容器脱水	含油污水	间断	含油污水井	控制、减少排放
机泵冷却水	含油污水	连续	含油污水井	回收污油
冷焦水	含油污水	间断	冷焦水罐	循环使用
除焦水	含油污水	间断	除焦水罐	循环使用

220

排放点	废水类别	排放方式	排放地点	控制措施
放空塔排水	含硫污水	间断	放空分液罐	控制排放量

① 含硫污水。

延迟焦化装置的含硫污水中一般硫含量为<1500mg/L，送至高含硫装置进行处理，将水中所含的硫除去，汽提后的净化水中硫含量<20mg/L，可送至污水处理装置和含油污水混合处理。在正常生产中应控制好含硫污水的含油量<500mg/L，以确保酸性水装置的正常操作。

② 含油污水。

严格按照操作规程进行操作，杜绝随意排放，非常规排放必须办理临时排污票，做到定时、定量、定点、定向的四定原则，控制好水中的含油量<300mg/L。含油污水经装置隔油池进行污油回收后排到污水处理场处理。

（2）废气排放及治理

废气主要为加热炉燃烧排放和非正常工况下生产装置的异常排放。废气及其排放方式见表7-3-2。

表7-3-2　废气及其排放方式

污染源名称	污染物	排放方式	排放方向
加热炉烟气	二氧化硫、氮氧化物和总悬浮颗粒物	连续	大气
安全阀起跳	烃类、油气	紧急情况下	放空塔、火炬系统
焦炭塔吹汽	二氧化硫、氮氧化物、油气	间歇	放空塔、火炬系统

① 燃烧废气主要为加热炉燃烧的脱硫瓦斯，其主要污染物为二氧化硫、氮氧化物和总悬浮颗粒物；加热炉采用的燃料为脱硫后的燃料气，燃烧烟气通过烟囱排放。排放污染物的浓度符合GB 16297—1996《大气污染物综合排放标准》的要求。

② 非正常工况下的安全阀起跳主要污染物是烃类，全部为

221

通过密闭管道送往火炬系统。

（3）清污分流原则

根据中国石化和清洁生产的要求，石化企业要做到清污分流、污污分流，目前延迟焦化装置排水主要为表 7-3-1 及表7-3-2所列内容。

含硫污水主要是送往污水汽提装置进行处理，焦化放空污水主要为送往污水沉降分液罐，然后再经焦化装置冷却，送往污水汽提装置处理；含油污水（包括机泵冷却水）经隔油池收油后，送往污水处理装置；假定净水直接出装置。部分含油污水是经地漏直接进入含油污水系统，部分是经装置明沟通过切换阀门进入含油污水系统。

应对可能出现的异常天气，特别是南方企业突发暴雨可能性较大，对装置的清污分流工作是一严峻考验，部分假定净水可能会进入含油污水系统，必须制定好相应的应急预案，采取必要的封堵措施，避免对下游的污水处理带来冲击，清污分流切换情况必须列入交接班内容。

第8章 焦化装置设备的防腐及选材

延迟焦化装置设备的腐蚀和防腐也是一个重要问题，它涉及到装置能否安全、高效、长周期运转。因此，应对设备腐蚀的形态、机理、特点有清楚的认识，做好日常的腐蚀监控和检查，规范设备防腐的工艺技术及科学选材。

8.1 延迟焦化装置的腐蚀特征及其影响因素

炼厂加工含硫（高硫）含酸（高酸）原油和劣质原油的比例越来越大、种类越来越杂。作为焦化原料的减压渣油，其中某些腐蚀物的含量要远高于原油。例如原料中的硫含量，一般减压渣油的含硫量比原油的含硫量高出60%以上，且随原油种类不同，硫含量相差可以很大。一些加工进口原油的炼厂，在加工中东原油时含硫量可高达3%以上，且各组分中均有较高的硫含量（见表8-1-1、表8-1-2）。此外，延迟焦化的反应温度高达500℃左右，焦炭塔也高达460~490℃，温度比常减压装置高出很多，是炼油装置中高温硫腐蚀最严重的装置之一，因此对焦化装置的腐蚀和防腐问题应当加以重视。

表 8-1-1　伊朗轻质原油实沸点蒸馏数据[①]

馏分	实沸点/℃	收率/%	硫含量/%
	初馏~140	16.7	0.0448
	140~190	8.22	0.09
	190~240	9.45	0.26
轻柴油	240~300	10.11	0.78
重柴油	300~350	8.41	1.31
蜡油	350~500	24.76	1.73
减压渣油	>500	22.12	3.32

① 原油硫含量1.53%。

223

表 8-1-2 某 1.2Mt/a 焦化装置硫分布及硫平衡

组分		流量/(t/d)	收率/%	硫含量/%	总硫量/(t/d)
原料	渣油	3395		2.047	69.50
产品	干气	145	8.8	9.16	13.267
	汽油	268	16.30	0.734	1.967
	柴油	545	33.15	1.007	5.488
	液态烃	16	0.97	7.435	1.190
	轻蜡	192	11.68	0.967	1.856
	焦炭	441	26.82	2.433	10.730
	抽出油	29	1.76	1.408	0.407

　　焦化原料中的腐蚀性物质为各种形态的硫化物(主要腐蚀介质)、氮化物、氯化物、有机酸等,这些腐蚀性物质会产生各种类型的腐蚀。高温硫腐蚀是焦化装置主要的腐蚀形式,此外,焦化装置还存在多种腐蚀形式。目前有极少数焦化装置直接加工重质原油,这样,原油蒸馏装置所遇到的腐蚀问题在这类焦化装置中也会遇到,情况更加复杂。

　　通常情况下,焦化原料中的硫以有机硫的形式存在于原料中。经焦化反应后,一部分转化为无机硫(H_2S),大部分存在于焦化干气中,少量存在于焦化汽油和液态烃中;各种形态的有机硫分别存在于汽油、柴油、液态烃、轻蜡油、重蜡油、焦炭等产品中。氮以有机氮的形式存在于原料中,经焦化反应后一部分转化为无机氮(H_3N),极少部分转化为 HCN,出现在分馏塔顶系统和吸收-稳定系统;氯以有机氯的形式存在于原料中,经焦化反应后转化为无机氯(HCl),注水中或常减压电脱盐效果不好时也会带入氯化物,经高温水解作用生成 HCl,出现在分馏塔顶系统和吸收-稳定系统;有机酸主要以环烷酸的形式存在于原料中,经焦化反应后部分分解,残留的环烷酸存在于重质馏分油中。

　　影响金属腐蚀的因素很多,既有金属材料本身的因素,如金属的化学稳定性、合金成分、金相组织与热处理状态、金属表面状态、变形及应力状态，也有环境方面的因素，如介质 pH 值、介质的成分及浓度、介质的温度及压力、介质的流动状态等。装置设备选定以后，金属材料本身的因素也就确定。设备的腐蚀主要取决于环境因素，尤其是介质温度、流速、腐蚀物的种类和含量等可变参数，成为影响腐蚀的主要因素。

根据焦化原料中所含有的腐蚀性物质、操作条件、设备及管道所使用的材料，延迟焦化装置设备和管线存在的硫腐蚀归纳起来主要有六种类型，现对其腐蚀特征和影响因素分别加以叙述。

8.1.1 高温 S–H$_2$S–RSH(硫醇)型腐蚀

(1) 腐蚀机理与特点

高温 S–H$_2$S–RSH(硫醇)型腐蚀机理为化学硫腐蚀。首先有机硫化物转化为硫化氢和元素硫，接着才是与碳钢表面直接作用产生腐蚀。在 370~425℃ 的高温环境中，反应按下式进行：

$$Fe+H_2S \longrightarrow FeS+H_2$$

在 350~400℃ 温度范围内硫化氢按下式分解：

$$H_2S \longrightarrow S+H_2$$

分解生成的元素硫比硫化氢有更强的活性，因此腐蚀作用也就更为剧烈。

在 350~400℃ 的腐蚀环境中，低级硫醇能与铁直接反应产生腐蚀，反应方程是：

$$RCH_2CH_2SH+Fe \longrightarrow RCH=CH_2+FeS+H_2$$

腐蚀率大小和低级硫醇浓度成正比。活性硫腐蚀有一个特点是递减的倾向，开始时腐蚀速度很大，一定时间后腐蚀速度才恒定下来。这是因为生成的硫化铁膜阻滞了腐蚀反应的进行。

(2) 腐蚀特征

这种类型的腐蚀主要发生在焦炭塔内壁、焦炭塔顶大油气线、炉出口至焦炭塔管线以及相应的转动设备等部位，表现为高温硫化物的全面腐蚀。生焦过程中，处于高温和高含硫渣油环境下运转的焦炭塔中、下部塔内壁通常附有一层牢固而致密的焦炭形成的保护层，从而起到了与腐蚀介质隔离的作用，因而腐蚀一般不严重。但在拿油过程中，由于塔内壁已无附着的焦层，此时也会产生腐蚀。而焦炭塔塔顶、焦炭塔顶大油气线、炉出口至焦炭塔管线以及相应的转动设备等部位都会因介质中硫含量的不同表现出不同程度的腐蚀。少数炼厂焦炭塔上段泡沫段、气液混相处由于塔内介质液面波动造成冲刷，使得该部位塔壁无法形成焦炭保护层而腐蚀较重，高压水造成的冲刷也会加重腐蚀。焦炭塔腐蚀特点是顶部塔壁腐蚀严重，而焊缝一般不受腐蚀，腐蚀形态为塔壁减薄，有些表现为坑点腐蚀。原料中硫含量不同，焦炭塔的腐蚀情况也不同。

（3）主要影响因素

高温 S-H_2S-RSH（硫醇）型腐蚀的影响因素主要有三点。

① 硫含量。

高温 S-H_2S-RSH（硫醇）型腐蚀与工艺介质中活性硫（不是总硫）的含量有关，活性硫含量愈高，腐蚀愈重。

② 温度。

温度的影响表现在两个方面：一方面，温度的升高促进了元素硫、硫化氢、硫醇等活性硫化物与金属之间的化学反应，即加剧了金属的腐蚀。另一方面，温度的升高会促进原料中非活性硫化物的分解，使介质中的活性硫化物增加，从而使腐蚀加剧；温度进一步升高，非活性硫化物的分解速度加快，原料中非活性硫化物的含量会降低，直至分解殆尽，此时介质中的活性硫化物的含量反而会下降，因此腐蚀速度也会随之下降。一般情况下，240℃以下时腐蚀较轻，当温度高于240℃时，随着温度的升高腐蚀逐渐加剧，在350~400℃时硫化物分解最快，到430~480℃时腐蚀达到最高值，超过480℃时硫化物的分解接近完全，腐蚀速率开始下降，到500℃时基本分解完毕。

③ 流速。

流速愈大，金属表面上的硫化物保护膜愈容易脱落，界面不断更新，金属的腐蚀也就进一步加剧。

8.1.2 高温 S-H₂S-RSH-RCOOH(环烷酸)型腐蚀

（1）腐蚀机理与特点

环烷酸是原油中含酯环和芳香环羧酸一类有机酸的总称，其通式一般用 RCOOH 来表示，其中 R 为环烷基。原油一般用酸值大小来判断环烷酸的含量，酸值大于 0.5mgKOH/g 时开始产生腐蚀。

环烷酸腐蚀过程是：

首先，环烷酸与铁直接作用，生成可溶于油的环烷酸铁，反应方程是：

$$2RCOOH + Fe \longrightarrow Fe(RCOO)_2 + H_2$$

同时，它还能和高温硫腐蚀的产物硫化亚铁反应，生成可溶于油的环烷酸铁，反应方程式是：

$$2RCOOH + FeS \longrightarrow Fe(RCOO)_2 + H_2S$$

由上可见，环烷酸和腐蚀产物反应时，不但破坏了原先具有一定保护作用的硫化铁膜，使金属暴露出新鲜表面而不断被腐蚀，而且反应生成的硫化氢又可进一步腐蚀金属。

环烷酸腐蚀的特点是形成可溶性的腐蚀产物，对硫化氢腐蚀形成的不溶性产物能产生进一步的作用。二者同时存在时的腐蚀作用是相互促进的，环烷酸可以破坏硫化氢的腐蚀产物，使腐蚀继续进行下去。

其次，环烷酸腐蚀受温度影响较大。220℃以下时对软钢的腐蚀较小，甚至于不发生腐蚀。温度开始升高时，腐蚀就会逐渐加重，特别到了 270～280℃（环烷酸沸点范围）腐蚀最大；此后温度再升高，腐蚀反而减少；到了 370℃左右时，由于硫化氢的影响，腐蚀又重新加剧；400℃以上时，原油中环烷酸已经全部汽化，所以此时环烷酸的腐蚀就变得很微弱了。

环烷酸腐蚀的第三个特点是"冲蚀"，也就是和流体的流速有关，流速增大，腐蚀就加剧。低速部位的腐蚀形态为喷火口状的尖锐孔洞，高速部位则是顺着流向出现沟槽，而且在高流速和发生湍流区域的腐蚀加剧。此外，在气液相变部位的腐蚀也比较严重。一般受环烷酸腐蚀最厉害的地方都出现在湍流程度大和流速大的部位，如弯管、焊接加强件、泵的叶轮、蒸汽注射喷嘴以及新出现的凝液的跌落或流到金属表面上的部位，在这些部位会产生显著的环烷酸腐蚀。

（2）主要影响因素

高温 S-H$_2$S-RSH-RCOOH（环烷酸）型腐蚀的影响因素有四点。

① 含硫量。

原料的含硫量对腐蚀的影响有一临界值，含硫量高于临界值时，主要表现为高温硫腐蚀；含硫量低于临界值时，主要表现为环烷酸腐蚀。

② 酸值。

一般来说，酸值越高，腐蚀越重。通常认为酸值达到 0.5mgKOH/g 时，在一定的温度条件下环烷酸就能对设备产生腐蚀作用。要注意的是，酸值相同而原料不同时，环烷酸的腐蚀速率可能大不相同。

③ 温度。

对于高温硫腐蚀而言，从 240℃ 开始，温度越高，腐蚀越重，到 480℃ 时达到最高点；对于环烷酸腐蚀而言，一般情况在 220℃ 以下时，环烷酸不发生腐蚀，高于 220℃ 时，随着温度升高腐蚀逐渐加剧，在 270~280℃ 时达到最大值，温度再升高腐蚀又下降，到 350℃ 附近腐蚀又急剧增加，400℃ 以上基本上没有环烷酸的腐蚀问题。也就是说，环烷酸的腐蚀存在两个不同温度的腐蚀高峰段，主要是由于原料中各种不同的环烷酸的沸点范围在 200~400℃ 之间，环烷酸的腐蚀在气液界面处最为严重，而上述两个温度段正是两个相变点温度。总体来说，对于高温硫和环烷酸同时存在的腐蚀体系，480℃ 以下时，温度越高，腐蚀越重。

④ 流速。

无论高温硫腐蚀还是环烷酸腐蚀，流速越高，腐蚀越重。

8.1.3 低温 H_2S-HCl-NH_3-H_2O 型腐蚀

（1）腐蚀特征

该类腐蚀主要发生在分馏塔顶部塔壁及塔盘、塔顶冷凝冷却系统和塔顶回流系统的设备管线，碳钢表现为非均匀全面腐蚀和坑腐蚀，不锈钢则以点腐蚀的形貌出现。渣油中的氮化物、硫化物和氯化物（也可能由注入的水中带入）在焦化过程中裂解，分别生成 NH_3、H_2S 和 HCl，由于 NH_3 的中和作用使得介质的 pH 值由酸性变为中性甚至碱性，使得 H_2S 及 HCl 对设备产生均匀腐蚀的程度有所减弱，即 NH_3 的存在对设备的均匀腐蚀起到了缓蚀作用，但带来了点蚀、坑蚀等局部腐蚀倾向的增加。NH_3 与 HCl 作用生成 NH_4Cl，在低温度、低流速部位不仅会因 NH_4Cl 的结晶造成堵塞，而且会造成垢下腐蚀及磨损腐蚀的加剧，应当引起重视。表 8-1-3 为某炼厂焦化分馏塔塔顶冷凝水分析结果。可以看出，由于系统中氨氮的含量较高，水样已呈碱性。表 8-1-4 为某焦化装置分馏塔顶循泵入口过滤网固体堵塞物的分析结果，可以看出，固体堵塞物主要为焦粉、氯化铵、硫化铵和铁锈。图 8-1-1 为某延迟焦化装置分馏塔回流泵泵体使用一个周期后的腐蚀情况。

表 8-1-3　某炼厂焦化分馏塔塔顶冷凝水分析结果

分析项目	pH	氨氮/（mg/L）	硫化物/（mg/L）	游离 CN^-/（mg/L）	总 CN^-/（mg/L）	Cl^-/（mg/L）
分析结果	9.15~9.38	2307~2786	6000~6800	13.00~69.90	201.50~221	3.85~13.80

表 8-1-4　某焦化分馏塔顶循泵入口过滤网固体堵塞物分析结果

分析项目	C	H	NH_4^+	Cl^-	S	Fe
含量/%	31.58	5.89	22.76	16.82	4.20	15.10

（2）主要影响因素

低温 H_2S-HCl-NH_3-H_2O 型腐蚀的主要影响因素有三点。

图 8-1-1 分馏塔回流泵泵体使用一个周期后的腐蚀情况

① 腐蚀介质含量。

H_2S、HCl 含量越高，全面腐蚀越重；NH_3 含量越高，介质的 pH 值越高，设备产生全面腐蚀的倾向越小，产生局部腐蚀的倾向越大。

② 温度。

高于相变温度时，腐蚀介质为气相，腐蚀性较弱；相变温度时，发生冷凝现象腐蚀性最强；低于相变温度，腐蚀介质受到稀释，全面腐蚀随温度的降低而减弱，但氢损伤的敏感性增加。

③ 流速。

流速增加将使腐蚀速率增加。

8.1.4 低温 $H_2S–HCN–H_2O$（湿 H_2S）型腐蚀

（1）腐蚀特征

该类腐蚀主要发生在瓦斯线、污水线、吸收稳定系统的设备及管线，表现形式除了常见的非均匀全面腐蚀加坑点腐蚀外，还会出现氢鼓泡（HB）、氢脆、氢致开裂（HIC）等损伤形式。其中 HIC 是危害性最大的一种腐蚀损伤形式，尤其是低合金高强钢出现 HIC 的可能性较大，因此在焊接工艺及焊后热处理方面应严加控制。此外在上述系统中，除湿 H_2S 外，介质中还存在 Cl⁻，有些部位其浓度还比较高，对于使用不锈钢的设备和管线应当引

230

起重视，避免发生不锈钢的点蚀和应力腐蚀开裂。

表 8-1-5 为我国某厂延迟焦化装置吸收稳定系统、瓦斯系统和污水系统几台容器的水样分析数据。可以看出，水样基本上呈中性，且 Fe^{2+} 的含量较高，说明该系统中存在一定程度的腐蚀。

表 8-1-5 某延迟焦化装置的水样分析数据

水样部位	pH	$Cl^-/(mg/L)$	$Fe^{2+}/(mg/L)$	$H_2S/(mg/L)$
污水罐	9.27	564.98	3.71	8466.0
富气分离罐	6.13	5.5l	29.68	50.80
稳定塔顶循环罐	8.83	5608.46	27.83	26921.88

（2）主要影响因素

① 腐蚀介质含量。

H_2S、HCN 及 Cl^- 含量越高，全面腐蚀越重，局部腐蚀敏感性越高。

② 流速。

流速增大会破坏金属表面的保护膜，全面腐蚀和局部腐蚀的敏感性都会增加。

8.1.5 辐射炉管的高温氧化和硫化腐蚀

（1）腐蚀特征

焦化装置加热炉辐射炉管因高温氧化和硫化造成的氧化爆皮（外壁）和腐蚀减薄（内壁）是炉管损坏的两大主要原因。燃烧高硫燃料的辐射炉管，其外壁将遭受高温氧化和高温硫化的联合作用，腐蚀会更加严重。据某厂统计，氧化爆皮占炉管损坏原因的 36.4%，腐蚀减薄占炉管损坏原因的 42.4%。因此，选择合适的炉管材料、燃烧低硫燃料、严格控制炉膛温度和防止炉管结焦是保证炉管长周期安全运行的重要因素。图 8-1-2 为我国某厂延迟焦化装置 Cr5Mo 辐射炉管使用一个周期后的爆皮情况。

（2）主要影响因素

辐射炉管的高温氧化和硫化腐蚀的主要影响因素有四点。

图 8-1-2　Cr5Mo 辐射炉管使用一个周期后的爆皮情况

① 硫含量。

硫含量越高,腐蚀越重。高温硫化腐蚀时,金属表面很难形成连续、完整的保护膜,此时的硫化腐蚀速度受金属与环境界面的化学反应所控制,高温硫化腐蚀速度与硫含量呈直线关系,几乎不存在临界硫含量。

② 氧含量。

氧含量越高,氧化腐蚀越重,但氧含量超过一定的值后,氧化速度趋于稳定。

③ 温度。

对于高温氧化,当温度高于 300℃时,钢材表面会出现可见的氧化皮。随着温度的升高,氧化速度随之大大增加。当温度高于 570℃时,氧化特别强烈,这是由于在 570℃以下氧化时,表面生成的氧化膜由 Fe_2O_3 和 Fe_3O_4 组成,这两种氧化物晶格复杂、组织致密,因而原子(离子)在这种氧化层中的扩散很困难,又由于这种氧化层与金属表面结合牢固,故具有一定的抗氧化性。而当温度高于 570℃时,形成的氧化物由 Fe_2O_3、Fe_3O_4 和 FeO 三层组成,其厚度比例大致为 1∶10∶100。也就是说,氧化层的主要成分是 FeO,它是一种简单的立方晶格结构,原子空位较多,结构疏松,原子(离子)很容易通过氧化层的空隙扩散到表面，使钢材继续氧化，温度越高氧化越重，氧化膜的厚度不断增加，直至剥落。焦化装置一般均选用 Cr5Mo 以上的材料作为辐射炉管用材，由于钢中 Cr 元素的加入提高了钢的抗氧化能力，即提高了钢的高温氧化"临界温度"，按照压力容器用材规定，Cr5Mo 钢可用到 650℃的抗氧化极限温度。硫的存在使钢的高温腐蚀情况变得复杂，一方面，高温硫化腐蚀随温度的升高而加重，不存在所谓的"临界温度"；另一方面，高温硫化比高温氧化容易，因此与金属表面直接接触的是结构疏松的铁的硫化物膜，氧化物膜附着在硫化物膜的表面，故而金属表面很难形成附着牢固且致密的保护膜。硫的存在加速了钢的高温腐蚀。

④ 烟气流速。

流速增大容易使金属表面的保护膜脱落，高温腐蚀和磨损腐蚀都会加剧。

8.1.6 露点腐蚀

焦化装置的露点腐蚀有两种情况，一是加热炉烟气的低温露点腐蚀，另一种情况是油气的露点腐蚀。

（1）烟气低温露点腐蚀

① 腐蚀特征。

这种类型的腐蚀出现在加热炉对流炉管外表面、空气预热热管外表面、炉壁板内表面、注水管外表面等部位，产生的是全面腐蚀和垢下腐蚀，表现为全面减薄和局部蚀坑甚至穿孔。炉壁板内表面保温钉甚至会由于根部腐蚀而断裂，从而造成炉子衬里的脱落。以渣油或未脱硫瓦斯为燃料的加热炉烟气，低温露点腐蚀将会表现得更加突出。

酸露点腐蚀的产生主要是由于含硫燃料在燃烧过程中生成 SO_2，其中一部分 SO_2 会进一步氧化成 SO_3。SO_3 与在烟气中的水蒸气结合生成硫酸蒸汽，在酸露点温度条件下（即当管壁、炉壁温度低于烟气露点时），烟气中的硫酸蒸汽和水蒸气就会在管壁上或炉壁上凝结成高浓度的硫酸，从而导致强烈的腐蚀。图 8-1-3 是某延迟焦化装置加热炉烟道壁的腐蚀穿孔情况；图8-1-4是某延迟焦化装置加热炉对流室吹灰器的腐蚀情况。

图8-1-3　加热炉烟道壁的腐蚀穿孔情况

图8-1-4　加热炉对流室吹灰器的腐蚀情况

② 影响因素。

烟气的露点温度与燃料中硫含量、烟气的组成（SO_3与SO_2的比例、水汽含量、过剩空气系数等）有关，一般情况下，SO_3、水汽含量、过剩空气系数越大，烟气的露点温度越高，产生露点腐蚀的可能性越大。烟气的露点腐蚀实际上是一种变浓度、变温度混酸的腐蚀。

（2）油气的露点腐蚀

① 腐蚀特征。

这种类型的腐蚀出现在焦炭塔顶部、大油气线及塔壁保温不良的部位（往往外壁焊有立柱）。根据出现露点部位及范围的不同，表现为非均匀全面腐蚀、局部减薄或局部坑点，在焦炭塔预热或吹汽过程中会产生该类腐蚀。这是由于冷凝作用形成了 $H_2S-HCl-NH_3-H_2O$ 型腐蚀介质，因此该部位腐蚀最为严重。腐蚀介质 HCl 来自于氯化物的高温水解，氯化物来源于原料，也可能由注入的水中带入。图 8-1-5 是某延迟焦化装置焦炭塔顶大油气线使用一个周期后焊缝的腐蚀情况。

② 主要影响因素。

当腐蚀介质 H_2S、HCl 含量越高，腐蚀越重。

当温度高于相变温度时，腐蚀介质为气相，腐蚀性较弱；当温度达到相变温度时（实际上是略低于相变温度），发生冷凝，腐蚀性最强；当温度低于相变温度，随着温度的降低，腐蚀反应速度下降，且腐蚀介质受到稀释，因此腐蚀随温度的降低而减弱。

图 8-1-5　焦炭塔顶大油气线使用一个周期后焊缝的腐蚀情况

8.2　设备选材和防护措施

从 20 世纪 60 年代我国开发延迟焦化工艺以来，焦化能力有了很大的提高。截至 2013 年底，我国焦化能力达到 126Mt/a，但焦化装置技术水平、防腐措施应该说离国际水平还有较大的差距。客观上讲，这是由于过去长期加工大庆原油等低硫原油，所以设备防腐标准方面都应该有一个较大的提高。但当今情况要求焦化无论在技术水平方面还是在设备防腐标准方面都应该有一个较大的提高，以适合新世纪中国炼油工业所面临的加工含硫（或含硫含酸）原油的需要。我国 2001 年 1 月在上海石化投产了一套 1.0Mt/a 的延迟焦化装置，这套装置吸取了国内外先进经验，在装置大型化、高效化和处理高硫重油的材质防腐标准方面做了较多的工作，取得了国内同行的认可。

8.2.1　设备选材

加工含硫原油的延迟焦化有关塔器选材应按严重腐蚀来考虑，即原料含硫量大于 1.2%，酸值大于 0.5mgKOH/g 时为严重腐蚀。

（1）焦炭塔塔体材质

按现有设计标准，加热炉出口 500℃，焦炭塔内温度 475℃ 时，焦炭塔材质可选用 20g 钢板，一般来讲使用 20 年是安全的。为解决高温硫腐蚀，可用不锈钢厚度为 2.5cm 左右的复合板。上海石化焦化塔采用 15CrMoR+0Cr13 复合板，一方面为了防止高温硫腐蚀，同时对抑制塔体热蠕变也有很好作用。

（2）加热炉炉管

国内推荐采用 1Cr5Mo 炉管，而美国从 1993 年开始改用"增强 9 铬钢"（enhanced9chrome），比过去常用 9 铬钢的使用温度可高 38℃。现在我国焦化炉管选材也根据《加工高硫原油重点装置主要设备设计选材导则（SH/T 3096—2001）》标准，改用渗铝 1Cr5Mo 炉管或 1Cr9Mo 炉管。

（3）工艺管线

低于 250℃ 的轻油部位可用碳素钢，250℃ 以上高温部位可选用 Cr5Mo、Cr9Mo 等。

延迟焦化装置主要设备推荐用材详见表 8-2-1，延迟焦化装置主要管道推荐用材详见表 8-2-2。

表 8-2-1 　延迟焦化装置主要设备推荐用材

类别	设备名称	设备部位		选材	备注
塔器	焦炭塔	壳体	上部	15CrMoR+0Cr13Al(0Cr13)	由顶部到泡沫层以下200mm处
				碳钢+0Cr13Al(0Cr13)	
			下部	15CrMoR	
				碳钢	
	分馏塔	壳体		碳钢+0Cr13Al(0Cr13)	
		塔盘	顶部5层塔盘	0Cr18Ni9	
				00Cr19Ni10	
			其余塔盘	0Cr13	渗层致密、均匀，厚度100μm以上
				渗铝碳钢	
	吸收塔	壳体		碳钢+0Cr13Al(0Cr13)	
		塔盘		0Cr13	渗层致密、均匀，厚度100μm以上
				渗铝碳钢	
	解吸塔	壳体		碳钢+0Cr13Al(0Cr13)	
		塔盘		0Cr13	渗层致密、均匀，厚度100μm以上
				渗铝碳钢	
	再吸收塔	壳体		碳钢	
		塔盘		碳钢	
	稳定塔	顶封头		碳钢+0Cr13Al(0Cr13)	含一段上部筒体
		壳体		碳钢	
		塔盘		0Cr13	渗层致密、均匀，厚度100μm以上
				渗铝碳钢	
	粗柴油汽提塔	壳体		碳钢	
				碳钢+0Cr13Al(0Cr13)	
		塔盘		0Cr13Al(0Cr13)	

237

类别	设备名称	设备部位		选材	备注
冷换设备	油-油换热器	介质温度<240℃	壳体	碳钢	
			管子	碳钢	
		介质温度≥240℃	壳体	碳钢+0Cr13Al(0Cr13)	
			管子	00Cr19Ni10	
				1Cr5Mo 或其他材料	与1Cr5Mo性能相当的材料,如08Cr2AlMo
				渗铝碳钢	渗层致密、均匀、厚度100μm以上
	管壳式水冷器	壳体		碳钢	
		管子		碳钢	水侧可涂防腐涂料
	产品空冷器	管箱		碳钢	
		管子		碳钢	
	分馏塔顶空冷器	管箱		碳钢	
				抗氢致开裂碳钢	低硫磷,符合NACETM0284试验结果要求
		管子		碳钢	
	排放空冷器	管箱		碳钢	
		管子		碳钢	
容器	汽提塔顶油气分离器	壳体		抗氢致开裂碳钢	低硫磷,符合NACETM0284试验结果要求
				碳钢	
	稳定塔顶回流罐	壳体		抗氢致开裂碳钢	低硫磷,符合NACETM0284试验结果要求
				碳钢	
	其他容器	壳体		碳钢	

类别	设备名称	设备部位		选材	备注
炉子	加热炉	炉管	对流段	1Cr5Mo	
			辐射段	1Cr5Mo	
				渗铝 1Cr5Mo	渗层致密、均匀，厚度100μm以上
				1Cr9Mo	

表 8-2-2　延迟焦化装置主要管道推荐用材

管道部位	管道名称	推荐用材	备注
分馏塔	塔顶油气管道	碳钢	可与其他措施联合使用
分馏塔底	重油至加热炉管道	1Cr5Mo/1Cr9Mo	必要时可使用不锈钢或碳钢-不锈钢复合板
	循环油管道	1Cr5Mo/1Cr9Mo	
焦炭塔	塔底高温进料管道	1Cr5Mo/1Cr9Mo	必要时可使用不锈钢或碳钢-不锈钢复合板
	塔顶高温油气管道	1Cr5Mo	
加热炉	进口管道	碳钢/1Cr5Mo	必要时可使用不锈钢或碳钢-不锈钢复合板
	出口管道	1Cr5Mo/1Cr9Mo	
分馏塔顶油气分液罐	罐顶冷凝管道	碳钢	可与其他措施联合使用
吸收稳定各塔	塔顶冷凝管道	碳钢	可与其他措施联合使用
其他	$t<240℃$，含硫油品、油气管道	碳钢	可与其他措施联合使用
	$t≥240℃$，含硫油品、油气管道	1Cr5Mo/1Cr9Mo	可与其他措施联合使用

8.2.2　管理措施

加工含硫(或含硫含酸)原油的延迟焦化装置，相关的设备、管线会产生各种类型的腐蚀。各种防腐措施中，选择合适的防腐材料是最基本的措施，也是最重要的防腐技术措施。此外，还必须配备必要的管理措施，才能使防腐蚀工作持之以恒地开展下去，才能收到应有的效果。这些管理措施包括以下两方面。

（1）加强防腐工艺技术管理

除了选择合适的防腐材料外，在生产工艺上还必须综合考虑其他防腐蚀手段，如防腐蚀设计、原料预处理、工艺防腐、电化学保护、工艺控制等，才能使防腐蚀措施做到经济、合理、有效。

（2）开展腐蚀监、检测工作

必须采用一定的手段对设备的腐蚀情况进行在线或离线监测、检验、分析，内容包括腐蚀介质分析、腐蚀挂片、腐蚀速率在线监测等，以掌握设备的腐蚀程度和发展趋势，从而制定相应的防范措施或采取必要的防护手段，达到控制、避免事故发生的目的。腐蚀监检测包括以下内容：

① 通过探针和（或）挂片在线监测设备、管线的腐蚀速率或腐蚀状态。

② 通过在线定点测厚，掌握设备、管线的剩余壁厚以及厚度变化情况，从而判断腐蚀趋势。

③ 通过定期、定点采样分析，了解腐蚀介质含量或形态（必要时），从而对腐蚀介质实施监测及跟踪。

图 8-2-1 为某延迟焦化装置近年来开展腐蚀监测工作的监测点分布图。

（3）开展腐蚀检查与评价工作

装置停工期间对设备的腐蚀状况进行全面、系统的检查、分析和必要的研究，对设备存在的腐蚀问题进行评价并提出建议和对策。

装置设备腐蚀调查与腐蚀状况评价工作是做好防腐管理、保障生产安全运行的重要基础，同时也是指导装置生产改进、设备维修更换与修理计划编制的重要参考依据。通过对设备腐蚀状况的调查及腐蚀数据的收集与分析，可以了解、掌握设备的腐蚀程度、腐蚀规律、腐蚀原因及重点腐蚀部位等，从而制定有效的防腐对策。

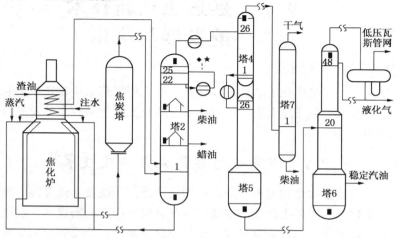

★--- 腐蚀介质监测点
■--- 腐蚀挂片点
◆--- 在线腐蚀监测点

图 8-2-1 延迟焦化装置腐蚀监测点分布

塔 2—分馏塔；塔 4—吸收塔；塔 5—解析塔；

塔 6—稳定塔；塔 7—再吸收塔

第9章　延迟焦化新技术的发展与应用

由于延迟焦化工艺的重要作用，近几年延迟焦化装置工艺和设备技术得到飞速发展。本章主要介绍延迟焦化新技术的发展与应用。

9.1　避免或适应弹丸焦产生技术

随着重质化和劣质化原油的增加及减压深拔技术的发展，延迟焦化原料更加劣质化，主要体现在高硫或高酸、密度大、黏度大、残炭高、沥青质含量高、重金属含量高等，使原有延迟焦化装置的适应性降低，除了炉管结焦、分馏塔结焦、液体收率降低、腐蚀加重、运行周期缩短等问题外，还会出现弹丸焦，严重影响安全生产。延迟焦化要主动采取避免或适应弹丸焦产生的技术以应对加工劣质渣油的挑战。

9.1.1　弹丸焦产生的原因分析及判据

（1）弹丸焦成焦机理的研究

一般认为减压渣油是一个胶体体系，可分为饱和分、芳香分、胶质和沥青质等四个组分。四个组分在热转化生焦反应过程中，既发生裂解（吸热）反应，同时也发生缩合（放热）反应，饱和烃及芳烃侧链易断裂进行裂解反应形成轻质油品，胶质可以转化成次生沥青质，沥青质首先易进行缩合形成正庚烷不溶物-甲苯可溶物（简称 HI-TS），然后 HI-TS 进一步缩聚生成甲苯不溶物-喹啉可溶物（简称 TI-QS），再生成喹啉不溶物（简称 QI），直至最终形成焦炭，焦炭的形成途径见图 9-1-1。由图 9-1-1 可知主要是沥青质热裂解缩合生焦，但没有阐述为什么会出现不同形态的焦炭（如针状焦、弹丸

242

焦、海绵焦等）。

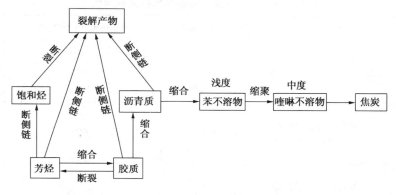

图 9-1-1 焦炭的形成途径

在渣油热反应过程中，随着反应深度的增加，重油胶体体系被破坏，部分沥青质聚沉而发生相分离，生成不溶物，又称炭质中间相。炭质中间相小球出现、融并等一系列自组装过程是影响焦化反应的重要步骤，主要受焦化原料性质影响，也受操作条件影响。在成焦机理研究方面，除了引用针状焦石墨化（弹丸焦为非石墨化焦炭）的历程外，都是假设，缺乏实验数据或实物佐证。弹丸焦的成焦机理仍在研究探索中。

（2）弹丸焦产生的原因分析及判据

迄今为止，国内外对弹丸焦生成的认识主要来源于工业经验的积累，仅对弹丸焦生成的某些特殊原因有初步了解。延迟焦化生成弹丸焦的主要原因有两个：原料性质和装置操作条件。

① 原料性质及判据。

原料性质是导致生成弹丸焦的重要内因，高沥青质、高残炭、高杂原子含量的焦化原料易生成弹丸焦。根据国外资料和国内生产经验对弹丸焦生成的原料性质做了大量分析，将这些结论归纳成表 9-1-1。

表 9-1-1　弹丸焦生成的原料性质及判据

项目	数值范围	产生弹丸焦的可能性
原料油（减压渣油）API 度	<7 7~8 >9	大 可能 小
原料油（减压渣油） 残炭与沥青质之比	<1.4 1.4~1.6 >1.6	大 可能 小
原料油（减压渣油） 残炭与沥青质之比	<1.2 1.2~1.4 >1.4	大 易生成 小
原料油经 420℃维持 40min 后 所得甲苯不溶物收率/%	<6 6~7 >7	小 可能 大
原料油经 420℃维持 20min 后所得残渣油的收率/%	<34 34~36>36	小 难预测 大
原料油经 420℃维持 20min 后 所得残渣油的微残炭/%	<20 20~21 >21	小 难预测 大
原料油经 420℃维持 20min 后 所得残渣油的残炭与沥青质之比	<2.0 2.0 >2.0	大 难预测 小

　　② 操作条件。

　　影响弹丸焦生成的操作因素主要有：高温、低压、低循环比、大处理量、在焦炭塔内的高度湍流等；根据国内延迟焦化的生产实践总结的结论见表 9-1-2。

表 9-1-2　弹丸焦生成的操作条件判据

操作条件	数值范围	生成弹丸焦难易程度
温度/℃	≥495	生成较多弹丸焦
	<495	弹丸焦量明显减少
压力/MPa	≤0.15	生成较多弹丸焦
	>0.15	弹丸焦量明显减少
循环比	≤0.25	生成较多弹丸焦
	>0.25	弹丸焦量明显减少
循环油/℃	316~371	轻蜡油易生成弹丸焦
	510~538	重蜡油难生成弹丸焦
气相速度/(m/s)	≥0.16	易生成弹丸焦
	<0.15	难生成弹丸焦

延迟焦化装置的循环比一般在 0.03~0.30。增加循环比可以有效降低焦化原料中的沥青质含量，提高芳烃含量，减缓生焦速度，抑制弹丸焦生成。焦化蜡油中含有相当数量的类似芳烃的芳并环烷环结构，它们在热作用下可释放出活泼氢，淬灭沥青质自由基，降低大自由基团缩合的几率，从而抑制弹丸焦生成。但加工辽河超稠油时，却得出了相反的结论，即增加循环比反而有利于弹丸焦的生成。该装置循环蜡油中含有过多的较轻组分，增加循环比的同时轻组分含量也随之增加，从而使得焦炭塔内气速过大，促进了弹丸焦的生成。

增加循环比是否减少弹丸焦的生成取决于循环油的成分。工业实践证明增大重质蜡油循环的比例才能有效压制弹丸焦的生成。

焦炭塔空塔气速对弹丸焦的生成具有重要影响，国内焦化装置焦炭塔空塔气速一般为 0.12~0.21m/s。易形成弹丸焦的原料中轻组分越多、焦化加热炉出口温度越高、焦炭塔塔顶压力越低及循环比、焦炭空塔线速度越小，这些因素都在某种程度上增加了焦炭塔气速，从而有利于弹丸焦生成。尽管各人对弹丸焦生成的气相速度判据差别较大，但高气速易生成弹丸焦的趋势却是一致的。

9.1.2 避免弹丸焦生成的应对措施

根据产生弹丸焦的原因分析，对于劣质减压渣油，为避免弹丸焦生成所采取的应对措施，主要从改善原料性质和操作条件考虑。

（1）改善焦化原料性质

根据表9-1-1主要采取：

① 从常减压蒸馏开始，对劣质原油（如索鲁士原油）掺兑轻质原油进行加工，所得减压渣油再掺兑低沥青质、低金属含量的其他渣油。

② 焦化原料掺兑富含芳烃组分，如蜡油与重油催化裂化油浆、焦化重蜡油。

（2）改善生成弹丸焦的操作条件

根据表9-1-2主要采取：

① 降低炉出口温度；

② 降低处理量；

③ 增大重质焦化蜡油的循环比；

④ 提高焦炭塔压力。

究竟采取哪一种、幅度多大，这要视各延迟焦化装置的具体情况来确定。

9.1.3 采用针对产生弹丸焦的设计

随着非固定床渣油加氢技术的不断进步，延迟焦化工艺只有加工更劣质的原料才有出路。采用针对产生弹丸焦的装置设计非常必要，弹丸焦的出现意味着延迟焦化装置处于最经济条件下运行，美国许多焦化装置视产生弹丸焦为正常操作，他们原料的残炭达到40%，沥青质含量达到20%，有的装置可以直接加工沥青。针对产生弹丸焦的焦化装置设计主要应考虑的措施有：

① 焦炭塔裙座过渡段采用整体锻件结构，提高其耐疲劳性，使之适应焦炭塔的晃动或倾斜；焦炭塔和其周围的框架及平台留有偏移和位移的空间；和焦炭塔相连的所有管道配置应考虑焦炭塔的晃动或出现"香蕉"现象时的膨胀量。

② 提高焦炭塔的设计压力，采用高的设计压力，焦炭塔的壁厚增加，对减少塔体晃动和延长使用寿命有利。

③ 冷焦放水经冷水降温后直接排向焦池，避免弹丸焦对管道的堵塞。

④ 采用平板闸阀结构的自动卸盖机和除焦防卡钻及钻杆自动盘车系统。

⑤ 采用提压自动给水冷焦工艺，防止或减缓冷焦时焦炭塔的振动。

9.2　延迟焦化工艺技术的发展

9.2.1　提高馏分油收率

由于原油价格的增长，焦炭和馏分油价格差距的增大，使得提高馏分油收率，降低焦炭产率对提高炼油厂的经济效益十分有利。国外的延迟焦化以追求液体收率最大化为焦化装置操作的目标，但是国内企业对此重视不够。为提高馏分油收率，降低焦炭产率开发了许多技术：提高炉出口温度，增加给热量，提高裂化程度；降低压力操作，减少焦炭挥发分，降低焦炭产率；采用超低循环比或零循环比操作；添加渣油改性剂，提高液体收率。

（1）添加渣油改性剂

渣油改性主要是在焦化原料中加入渣油改性剂，渣油改性剂的主要作用原理是：阻断自由基链式反应，与活性自由基形成惰性分子，终止自由基链反应，阻止和减少大分子有机聚合物的生成，减少干气和焦炭生成；渣油改性剂的加入量通常占新鲜原料的 200μg/g 左右，加入位置一般在加热炉的入口，也可以在分馏塔底或加热炉进料缓冲罐加入。不同性质的渣油改性剂针对同种原料的作用不同，同一种渣油改性剂针对不同的原料也会有不同的效果，因此，渣油改性剂的选用应有针对性，应通过试验装置或工业化装置的标定实验来筛选。

（2）采用焦炭塔外补热技术提高液体收率

① 外补热式高苛刻度劣质渣油焦化工艺减缓了设备结焦和磨损程度，确保了焦化主要设备的长周期安全运行。将催化油浆作为补热介质提高了劣质渣油在焦炭塔内的反应温度，有利于提高渣油的焦化液体产品收率。

② 催化油浆单独焦化的石油焦收率较高，评价试验选择的蜡催油浆和重催油浆的石油焦收率与原料残炭值的比值分别达到了 5.08 和 2.59，远高于常规渣油。

③ 与常规焦化相比，外补热式高苛刻度焦化可以提高渣油的焦化液体产品收率 2 个百分点以上，并且中东混合减渣的效果优于委内瑞拉减渣，在补热介质提高渣油焦化液体产品收率方面蜡催油浆优于重催油浆。

9.2.2　低压低循环比延迟焦化技术

低压低循环比延迟焦化技术的典型代表是 FW（福斯特–惠勒）公司开发的选择性产率延迟焦化技术 SYDECTM。FW 公司的焦化部分流程见图 9-2-1，零循环操作示意图见图 9-2-2。目前国内加工量最大的中海油炼化惠州炼化分公司 4200kt/a 焦化装置就是引进该公司选择性产率延迟焦化技术工艺包，表 9-2-1 为福斯特–惠勒公司 SYDECTM 工艺的产品收率，其操作方案是在低压 0.103MPa 和超低循环比 0.05 的条件下操作，以达到最大液体收率、降低焦炭产率为目的。在其他条件相同的情况下，低循环比（0.10）、超低循环比（0.05）和零循环比操作的产品收率比较见表 9-2-2。

248

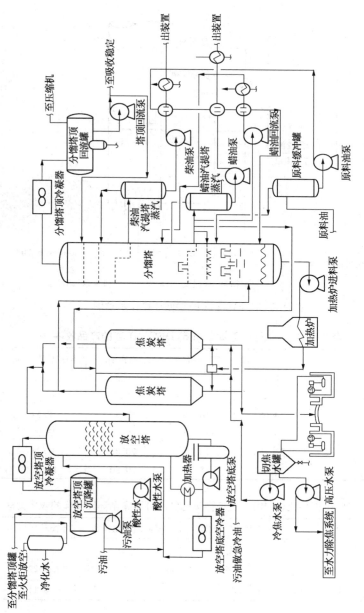

图9-2-1　FW公司的焦化部分流程图

249

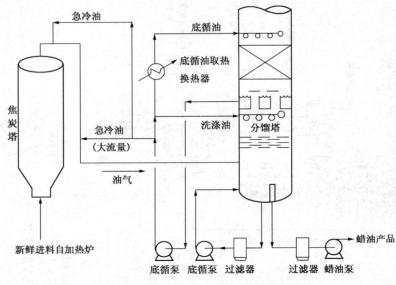

图 9-2-2　FW 公司的零循环操作示意图

表 9-2-1　福斯特-惠勒公司 SYDEC^{TM}工艺的产品收率

项目	奥利诺科重油	梅雷混合油	玛雅油	阿拉伯混合油
气体/%（v/v）	5.36	5.52	5.58	5.20
液态烃/%（v/v）	7.04	7.66	7.08	6.64
汽油/%（v/v）	14.07	16.71	13.50	12.64
柴油/%（v/v）	28.38	31.69	28.77	27.09
蜡油/%（v/v）	28.48	20.79	20.81	31.24
焦炭/%	32.44	35.77	39.80	30.91

表 9-2-2　低循环比（0.10）、超低循环比（0.05）和零循环比操作的收率比较

项目	低循环比操作	超低循环比操作	零循环比操作
循环比	0.10	0.05	0
干气收率/%（v/v）	5.59	5.24	5.22
液化气收率/%（v/v）	8.79	8.34	8.11

250

项目	低循环比操作	超低循环比操作	零循环比操作
总液体收率/%（v/v）	72.20	73.78	74.67
焦炭产率/%	30.04	28.69	27.55

9.2.3 焦炭塔大吹汽和冷焦时的压力控制

焦炭塔大型化后的生产过程中出现的最大问题是冷焦过程中焦炭塔及其框架、工艺管线震动明显增加，甚至冷焦不充分焦炭塔出现倾斜现象。原设计焦炭塔冷焦过程产生的尾气是去火炬回收系统，且放空系统压力没有加以控制的，焦炭塔在给水冷焦过程中，冷焦水进入炽热的焦炭层里，塔内积聚的能量被快速释放，冷焦水气化使得塔内气速迅速增加，造成对焦炭塔顶到放空塔之间油气线脉冲式的冲击，引起焦炭塔及其框架、工艺管线震动。国内炼厂解决方案是将放空系统尾气改到气压机入口，控制放空塔操作压力来提高焦炭塔的背压，降低给水冷焦时塔内气速。福斯特-惠勒公司在焦炭塔大吹汽和冷焦时的压力控制方案除设有焦炭塔冷焦操作的背压控制外还设有焦炭塔的压力控制，既解决了上述出现的问题，又使焦炭塔的大吹汽、给水流量与冷焦压力控制实现程序控制自动化。

9.2.4 使用饱和水替代蒸汽在焦炭塔大吹汽上的应用

延迟焦化装置在切换四通阀后对焦炭塔冷焦作业时须用1.0MPa蒸汽进行大量吹汽，目的是利用蒸汽的汽提作用携带出焦炭塔内焦层中的黏油，通过接触冷却塔的冷却回收再利用，不仅能起到快速冷却焦层作用，还能提高石油焦的质量。使用饱和水替代蒸汽进行大吹汽的技术，饱和水的温度控制在180~190℃，它的温度比1.0MPa蒸汽温度低60~70℃，在焦炭塔大吹汽时带走更多的热量，可以相应缩短后续冷焦的时间，对现在普遍实行缩短生焦周期的操作有利，同时能节省装置的蒸汽消耗，有利于降低焦化装置的能耗。经过理论计算和前期试验，饱和水替代蒸汽用于焦炭塔大吹汽的技术应用在焦化装置是可行的，对装置生产和设备运行影响不大，可以达到节约蒸汽的目标。

9.2.5 缩短焦炭塔生焦周期的技术

通常所说的缩短生焦周期可以提高焦化装置处理量，只是提高了焦炭塔在单位时间的利用率。限于延迟焦化装置设计能力的有限性和原料性质的劣质性，国内大部分的延迟焦化装置通过实施 18h 和 20h 的生焦周期来提高加工负荷。沿海某炼厂加工密度和残炭的性质相近的原料，24h 生焦、20h 生焦和 18h 生焦装置的日处理量分别为 3089t、3550t 和 3896t。20h 生焦比 24h 生焦的加工量增加了 15%，18h 生焦比 20h 生焦的加工量增加了 10%，18h 生焦比 24h 生焦的加工量增加了 26%，缩短生焦周期对提高焦化装置处理量的效果是明显的。为能采用缩短生焦周期的技术，必须消除制约焦化装置扩能上的瓶颈，如采用比较可靠的自动顶底盖机减少人工拆卸底盖时间；加热炉采用深度裂解技术，提高加热炉的处理能力；分馏塔采用专利的组合导向浮阀塔盘来提高处理能力；改变压缩机叶轮和汽轮机叶片来提高气压机处理能力。

几种不同生焦周期的操作工序分解如图 9-2-3 至图 9-2-7 所示。在原料性质和生焦率相同的情况下，缩短生焦周期可以显著降低放空塔负荷；在相同的放空塔负荷下，缩短生焦周期可以冷却更多的焦炭。

9.2.6 采用清洁生产技术

延迟焦化在生产过程中产生的"三废"，焦化废水、废气中含有硫化氢、硫醇、硫醚等恶臭污染物，随着人们对环境要求的提高和国家强制性排放标准要求提高，焦化装置在对"三废"处理工艺上也有长足的进步，目前国内最先进的治理工艺流程有：放空尾气密闭处理流程、冷焦水密闭处理流程、切焦水循环处理流程，分别见图 9-2-8 至图 9-2-10。

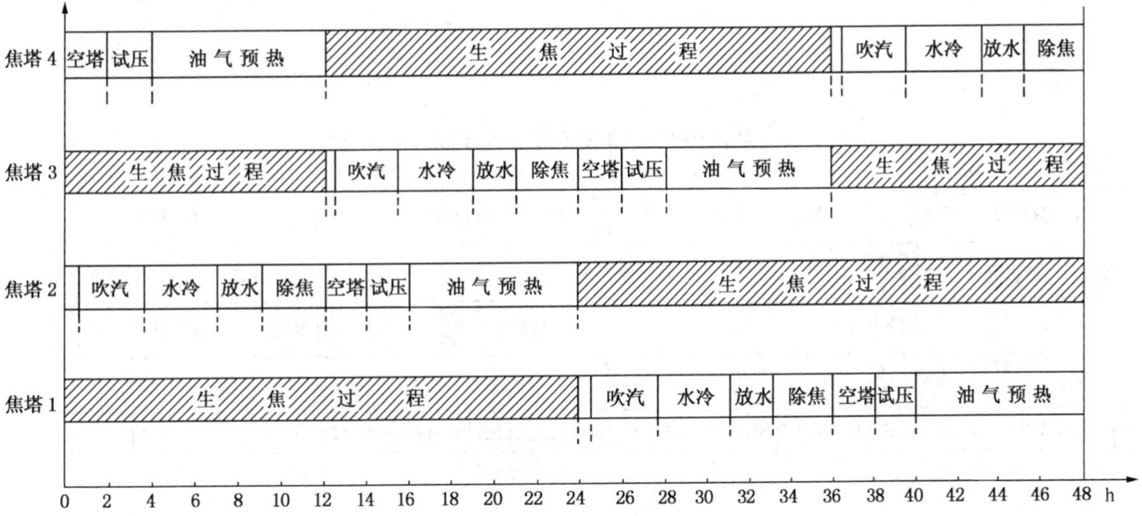

图9-2-3 24h生焦周期的操作工序分解(四塔)

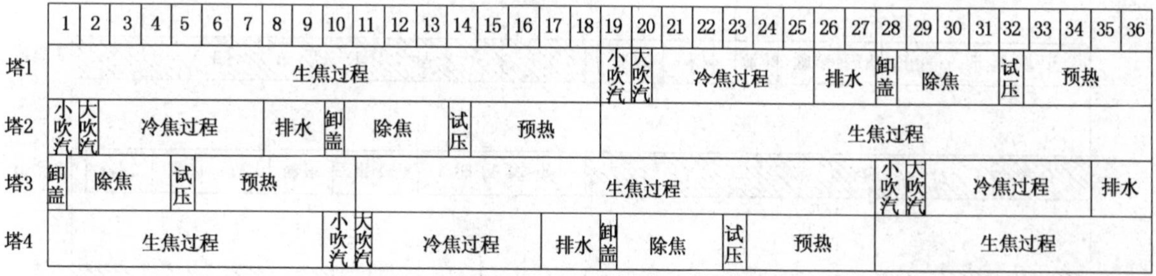

图9-2-4　18h生焦周期操作工序分解（四塔）

塔号	工序安排（数字为小时，横坐标 1–36）
塔1	生焦过程(1–18)；小吹汽大吹汽吹瓷(19–20)；冷焦过程(21–25)；排水(26–27)；卸盖(28)；除焦(29–30)；试压(31–32)；预热(33–36)
塔2	小吹汽大吹汽吹瓷(1–2)；冷焦过程(3–8)；排水(9)；卸盖(10)；除焦(11–12)；试压(13–14)；预热(15–17)；生焦过程(18–36)
塔3	卸盖(1)；除焦(2–3)；试压(4–5)；预热(6–9)；生焦过程(10–27)；小吹汽大吹汽吹瓷(28–29)；冷焦过程(30–34)；排水(35–36)
塔4	生焦过程(1–9)；小吹汽大吹汽吹瓷(10–11)；冷焦过程(12–17)；排水(18)；卸盖(19)；除焦(20–21)；试压(22–23)；预热(24–26)；生焦过程(27–36)

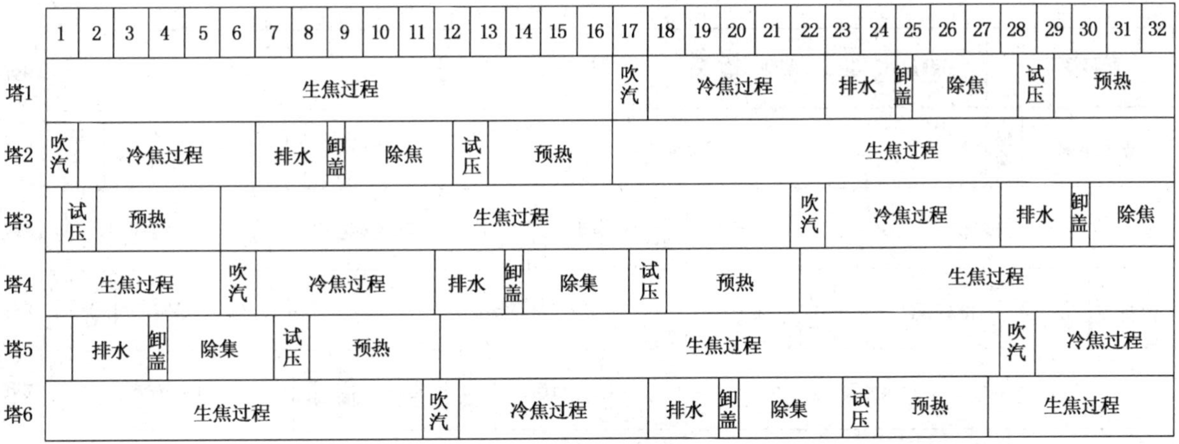
1 2 3 4 5 6 7 8 9 10 11 12 13 14 15 16 17 18 19 20 21 22 23 24 25 26 27 28 29 30 31 32
塔1
生焦过程
吹汽
冷焦过程
排水
卸盖
除焦
试压
预热
塔2
吹汽
冷焦过程
排水
卸盖
除焦
试压
预热
生焦过程
塔3
试压
预热
生焦过程
吹汽
冷焦过程
排水
卸盖
除焦
塔4
生焦过程
吹汽
冷焦过程
排水
卸盖
除集
试压
预热
生焦过程
塔5
排水
卸盖
除集
试压
预热
生焦过程
吹汽
冷焦过程
塔6
生焦过程
吹汽
冷焦过程
排水
卸盖
除集
试压
预热
生焦过程

图9-2-5　16h生焦周期操作工序分解(六塔)

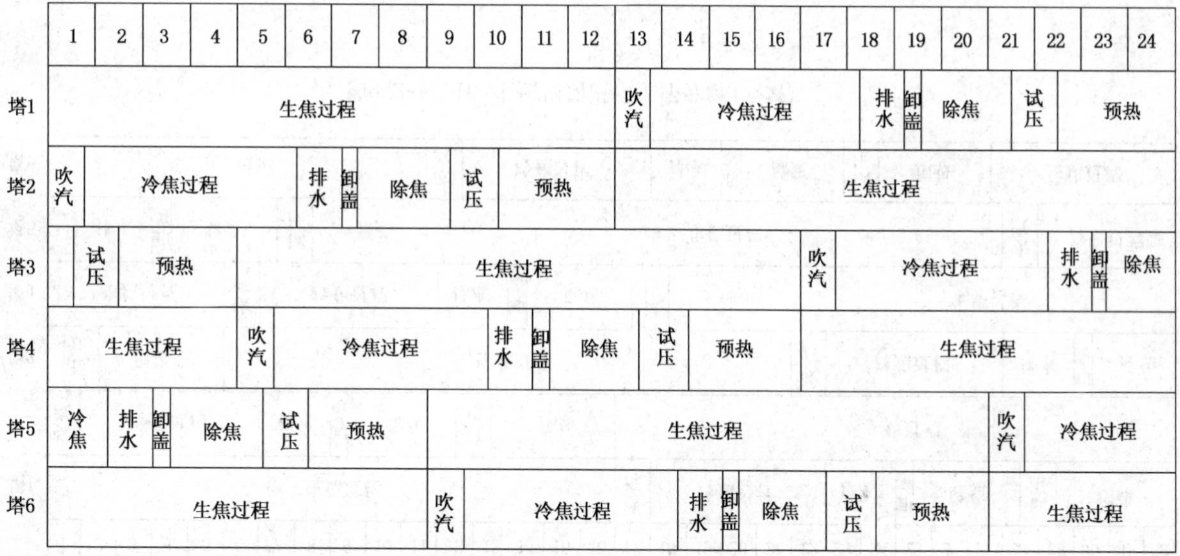
1 2 3 4 5 6 7 8 9 10 11 12 13 14 15 16 17 18 19 20 21 22 23 24
塔1
生焦过程
吹汽
冷焦过程
排水
卸盖
除焦
试压
预热
塔2
吹汽
冷焦过程
排水
卸盖
除焦
试压
预热
生焦过程
塔3
试压
预热
生焦过程
吹汽
冷焦过程
排水
卸盖
除焦
塔4
生焦过程
吹汽
冷焦过程
排水
卸盖
除焦
试压
预热
生焦过程
塔5
冷焦
排水
卸盖
除焦
试压
预热
生焦过程
吹汽
冷焦过程
塔6
生焦过程
吹汽
冷焦过程
排水
卸盖
除焦
试压
预热
生焦过程

图9-2-6　12h生焦周期操作工序分解(六塔)

	1	2	3	4	5	6	7	8	9	10	11	12	13	14	15	16	17	18	19	20	21	22	23	24	25	26	27	28	29	30
塔1	生焦过程								预热		小吹汽	大吹汽		除焦	冷焦过程				排水		卸盖	除焦			试压		预热			卸盖
塔2	除焦		冷焦过程			试压	生焦过程														小吹汽	大吹汽		冷焦过程			排水			
塔3	小吹汽	大吹汽		冷焦过程						卸盖	除焦			试压		预热			生焦过程											

图9-2-7 15h生焦周期操作工序分解（三塔）

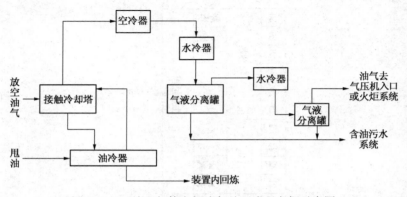

图 9-2-8 放空气体密闭冷却处理流程方框示意图

图 9-2-9 切焦水循环流程方框示意图

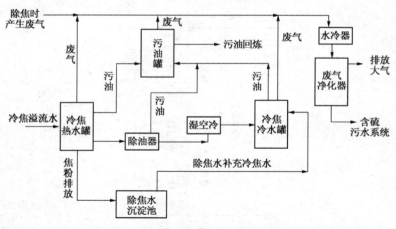

图 9-2-10 冷焦水密闭流程方框示意图

258

9.3 延迟焦化设备技术的发展

9.3.1 延迟焦化加热炉大型高效化

加热炉是影响延迟焦化装置开工周期的最主要设置，而炉管结焦是影响加热炉运转周期的最主要因素。如何减缓炉管的结焦是焦化炉设计的核心问题，而影响炉管结焦的因素有：原料的性质、炉管的表观温度、油品的流速等。研究表明：炉管的表面热强度是影响焦垢生成速度的主要因素。在一定质量流速下，热强度增大或内膜温度升高，则生焦速度增加。而结焦速度取决于焦垢生成速度和焦垢脱离速度，即：结焦速度＝焦垢生成速度－焦垢脱离速度。因此，为了降低结焦速度，势必要提高焦垢的脱离速度，即要增大质量流速。因此，在焦化炉的设计中，要综合考虑到炉体结构及炉管规格和排列、燃烧器布置和数量等各种因素之间的相互关系。

为适应加工劣质原料和延长装置开工周期的要求，在焦化炉设计中主要采取了以下措施。

（1）采用水平管单排管双面辐射传热方式

焦化炉不宜选用过高的热强度，否则会加快结焦速度。单排管单面辐射平均热强度一般取 $30000W/m^2$ 以下；单排管双面辐射平均热强度一般取 $40000W/m^2$ 以下，较单面辐射加热炉的一面辐射一面反射，热强度分布更均匀。根据 Hottel 数据，对于单排管一面辐射一面反射的传热方式，炉管周向最高热强度为平均热强度的 1.78 倍。而对于单排管双面辐射的传热方式，炉管周向最高热强度仅为平均热强度的 1.2 倍，从而提高了炉管表面热强度的均匀性，这对缓解炉管内的结焦是非常有利的。另外，辐射管平均热强度可提高至单排管单面辐射传热方式的 1.5 倍左右，这样就可以减少辐射室排管面积，从而降低合金钢材料炉管的用量。另外还可缩短介质停留时间和减小压力降，从而减缓炉管的结焦，延长运行周期。在正常工况下，焦化炉连续运行时间可延长 1/3 以上，且在同样热负荷下，可节省合金钢炉管30%左右。所以，为适应加工劣质原料和延长装置开工周期的要求，新设计的焦化炉采用了水平管单排管双面辐射传热方式。

（2）采用先进的工艺计算软件进行焦化炉的工艺设计

1996 年洛阳石化工程公司引进了美国 PRF 公司（PRFEngineeringSystemInc.）的"加热炉工艺计算软件"（FRNC-5）。该软件已有 20 年以上的使用经验，已有 15 个国家 65 个以上的用户使用该软件进行加热炉设计。洛阳石化工程公司又与华东理工大学合作，共同开发了"焦化炉模拟计算软件"（C-SGS）。利用上述软件可以对新设计的焦化炉进行全炉模拟，可以计算出介质在管内的反应热及从原料入口到出口每一根炉管的生焦因子、管壁温度和热强度、管内介质速度和压力、汽化率和停留时间等数据。根据模拟计算结果，最终确定焦化炉的结构、合理布置炉管及注汽点，可使加热炉的设计为最优化。

（3）合适的介质流速

焦化炉炉管内的油品在逐步升温汽化过程中，炉管内会出现两相流动。若流速太小，会产生分层流或柱塞流。两相分层时，上部气相区内膜传热系数低，管壁温度高，易结焦。所以，国内早年设计的焦化炉在辐射段入口冷油流速一般为 1.4~1.6m/s，在此设计条件下，均在管内适当部位注入水或水蒸气，增加湍流程度，减少结焦可能。为了提高焦炭的质量，国内外目前已经开始采取不用或少用注水（或注汽）的方法来减少炉管的结焦，而是提高冷油流速到 1.8~2.2m/s 和其他相应措施来保证长周期安全运转，因此在大型化焦化炉设计中冷油流速应达到 1.8~2.1m/s 的水平。

（4）采用多点注汽（水）技术

焦化炉炉管内的油品在升温汽化过程中，炉管内会形成两相流，若流速太低，会产生分层流或柱塞流。两相分层时，上部分气相区内膜传热系数较低，管壁温度相对较高，介质容易结焦。所以，根据不同温度、压力下焦化原料的性质及其在炉管内热化过程的反应机理，通过软件计算，在炉管不同部位注入适当的蒸

260

汽或水，可提高管内介质流速，增加管内介质的湍流程度，从而降低结焦的可能性。

（5）采用小能量扁平火焰低 NO 气体燃烧器

采用小能量扁平火焰低 NO 气体燃烧器，并采用多台均匀布置形式，可使炉膛内的热强度分布更加均匀，对减缓炉管内结焦非常有利。另外，由于采用了燃料分级燃烧和烟气自循环技术实现了低 NO 排放，可满足环保要求。

（6）采用在线烧焦技术

目前，国内部分焦化加热炉采用了在线清焦技术，它是在焦化加热炉不停工的条件下，切出某一管程，通过对该管程炉管快速升温和通入蒸汽快速降温的方法使炉管内的焦层剥离。据报道，采用在线除焦技术可使焦化炉炉管表面温度于清焦后平均降低 60℃左右，炉管入口压力恢复到正常操作压力。清焦后燃料可节省 10%~15%，采用在线清焦技术后，焦化炉运行周期可延长至 24 个月以上。

国内自上海石化 1.00Mt/a 焦化装置引进在线清焦技术以来，先后有上海高桥、齐鲁、茂名等焦化装置采用了在线清焦技术。在这些装置中只有上海石化焦化装置进行了 2 次在线清焦（其中 1 次没有国外专家指导），取得了一定的效果。齐鲁石化在线清焦没有取得效果，其他装置没有进行在线清焦试验。国外马来西亚马六甲炼厂 1.00Mt/a 延焦化装置焦化加热炉也采用了在线清焦技术，清焦效果不佳。鉴于在线清焦技术在我国焦化炉上应用经验不足，为保证大型化焦化炉的长周期运行，在设计中改为在线烧焦技术，即在焦化炉不停工的情况下，将炉子的某一路或两路切出，通入空气进行烧焦。由于在线烧焦比在线清焦除焦彻底，加热炉炉管壁温度降低较多。在线烧焦可以一路进行，也可以一个辐射单元两路同时进行。当采用一路单独烧焦时，装置加工量对于四管程将降低 1/4，对于六管程将降低 1/6，降低幅度较小，但炉出口管线高温切断阀门增加较多；当采用一个辐射单元两路同时烧焦时，装置加工量对于四管程将降低 1/2，对于六管程将降低 1/3，但炉出口管线高温切断阀门增加较小。通过分析各种因素，在设计大型化的焦化加热炉时，采用两路同时烧焦的方式。从塔河、长岭、吉化等装置的实际烧焦经验看，两路同时烧焦装置完全可以平稳生产，整个烧焦过程在一天内即可完成。

9.3.2 焦炭塔及水力清焦技术的发展

随着近几年来延迟焦化装置的大型化及焦炭塔直径的不断扩大，水力除焦系统对高压水的参数和除焦设备的压力等级要求也不断提高。直径 5.4m 的焦炭塔进行水力除焦时要求高压水的流量为 $120 \sim 160 m^3/h$、压力为 $10 \sim 15MPa$，除焦设备的压力等级为 16MPa。直径 8.4m 的焦炭塔进行水力除焦要求高压水的流量达到了 $255 m^3/h$、压力为 28.8MPa。

为了适应延迟焦化装置不断发展对水力除焦技术的要求，美国 PACIFIC 公司和 CONOCO 公司分别研制成功了除焦控制阀、水力除焦程序控制系统。洛阳石化工程公司与齐鲁石化合作开发了用于焦炭塔直径 6m 以下、设计压力 16MPa 的除焦控制阀、水力除焦程序控制系统、自动切换除焦器。2002 年洛阳石化工程公司在长岭分公司 1.20Mt/a 延迟焦化装置改造设计中将水涡轮减速器成功地用于有井架水力除焦，首次实现了焦炭塔直径 8.4m、设计压力 32MPa 的除焦控制阀、水力除焦程序控制系统、自动切换除焦器和高压胶管的国产化。2003 年在中国石油吉化分公司新建 1.00Mt/a 延迟焦化装置设计中，首次在 8.4m 焦炭塔上设计采用了 DN900mm 自动顶盖机。

洛阳石化工程公司在长岭分公司 1.20Mt/a 焦化装置改造设计中，通过分析有井架和无井架水力除焦技术的优缺点，针对大型化焦化装置井架高、钻杆长等情况提出了改进型的有井架水力除焦技术，该技术在直径 8.4~8.8m 焦炭塔的除焦系统上应用效果良好。改进型有井架水力除焦的技术方案如下：

① 采用风动水龙头与水涡轮减速器互为备用方案，正常情

况下利用水涡轮减速器驱动除焦器旋转进行除焦，解决由于钻杆太长、旋转时容易造成除焦器摆动问题。

② 采用两根高压胶管平行对称布置，解决由于单根高压胶管的重力造成钻杆偏斜问题。

③ 增设水涡轮减速器和自动切除焦器的检修平台及检修小车。

④ 塔顶除焦操作室采用双层结构，钻机绞车和高压阀门布置在上层的机器间，除焦操作台布置在下层的操作室内，人机分离，以减少机器噪音对除焦操作者的污染。

⑤ 钻机绞车采用电动双抱闸，增设钢丝绳张紧机构，提高除焦过程中的安全可靠性。

⑥ 程序控制系统采用钻具位移模拟数显示及钻机绞车、溜焦槽的电视监控。

对于扬子石化和金陵石化 1.60Mt/a 焦化装置，焦炭塔塔径达 9.4m。如此规模的焦炭塔，国内水力除焦技术没有使用经验；国外水力除焦设备只在 9.14m 直径的焦炭塔中得到了应用，因此，水力除焦系统能否安全、正常工作，是延迟焦化装置能否实现大型化的关键。为此，洛阳石化工程公司进行了深入细微的分析研究，使扬子石化和金陵石化 9.4m 直径的焦炭除焦系统在投产之后一直正常安全运行。

9.4 先进控制技术

9.4.1 采用以 APC 控制为核心的先进控制技术

延迟焦化装置总的先进过程控制是实现操作效益的最大化为目标的。先进控制的主要目标有：平稳操作，减小焦炭塔预热、切换、冷却给生产带来的扰动；保证产品质量，实现质量的卡边操作；满足加热炉能力约束的前提下提高处理量；降低装置能耗。加热炉单元的先控由操作人员设定各分支目标进料量和进料温度值的偏差，由一个多变量控制器平衡每一路炉进料流量和炉出口温度。焦化分馏塔的先控应用的目标是通过多变量控制器产出质量合格最大化高价值的产品。

9.4.2　SEI 开发的顺控联锁技术

（1）背景

延迟焦化装置是炼油厂比较危险的装置之一，由于焦化装置工艺的特殊性，国内的每套延迟焦化装置或多或少都发生过安全事故，如加热炉开工点火发生闪爆、焦炭塔顶盖误开发生火灾、焦炭塔底盖误开导致人员烫伤、高温阀门误开或误关导致高温油气泄漏着火、阀门误开或误关导致容器失稳、高温泵密封泄漏切断阀未及时关闭导致火势扩大等等。

（2）主要特点

① 采用分步控制设计思路，每步骤设若干子程序，每子程序的完成是下一子程序开始条件，每个步骤满足条件前必须进行人工确认（内操及外操）；在条件不满足时，采取"询问"的方式选择是否进行下一步动作。

② 以时间为主轴，顺控程序分："赶空气-试压-泄压脱水-引油气-换塔-小吹汽-大吹汽-给水-放水-除焦"十个主要步骤。

③ 采用独立设置冗余 PLC 系统，内操设置操作站和工程师站，在监控软件中设置三级用户授权：操作员级、技术员级、管理员级。

④ 顺控系统对参与顺序控制联锁的开关阀门发出允许信号作为阀门的动作条件，阀门动作的执行操作工现场操作，在监控软件均设手动、自动切换开关。

⑤ 给水、给汽操作采用流量调节，并通过内操在 DCS 上进行调节。设置每一步骤的温度、压力、料位、阀位等判断条件，并通过 PLC 联锁阀门动作条件。每步骤均设置内操确认的提示报警。

⑥ 频繁操作的阀门设置联锁，在条件不允许时保持原位不动，状态需改变时须管理员级别发出特定指令。在内操设置直观

264

的画面显示，指示每步骤中所需条件，指导操作。

⑦ 非正常状态下，管理员权限可修改程序指定的时间、压力等条件。阀门未按程序规定完成动作时（事故状态），自动显示错误提示，外操控制盘提示需要执行的工作内容。设置暂停、复位、初始化等功能以适应非正常工况。

⑧ 具有时间计时功能，规定每一步操作时间，以换塔为基点，提前两小时每半小时倒计时报警提示。

⑨ 甩油罐顶气相阀之间具备温度联锁和联动功能，甩油罐液位参与联锁。

⑩ 参与控制及联锁的阀门除进口电动球阀外，其他阀门的执行机构采用技术成熟并广泛应用的气动马达或电动执行机构，阀门的回讯通过接近传感器、信号转换模块输出。信号转换模块集中设置在联锁系统控制柜中，阀门的改造过程可在线完成实施。

（3）操作画面

操作画面见图 9-4-1。

图 9-4-1　操作画面

（4）流程画面

流程画面见图 9-4-2。

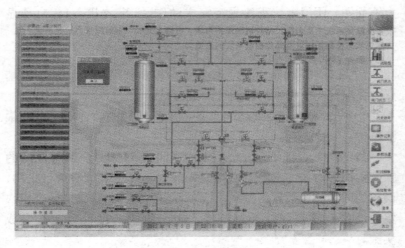

图 9-4-2　流程画面

（5）阀门状态画面

阀门状态画面见图 9-4-3。

图 9-4-3　阀门状态画面

266

9.4.3　SEI 参与开发的远程智能除焦系统

（1）目的

水力除焦安全联锁控制系统不断完善和水力除焦设备如顶/底盖机、自动切焦器、水力马达等的成功应用，配合除焦判断技术，把除焦操作移到控制室内完成，彻底实现远程自动水力除焦，减少除焦过程对操作人员的危害，提高 HSE 水平。

（2）内容

智能除焦系统主要包括：钻杆机械保护系统、电动水龙头、钢丝绳张力检测系统、焦炭塔内除焦状态检测系统以及除焦控制系统的改造。

（3）原理示意图

原理示意图见图 9-4-4。

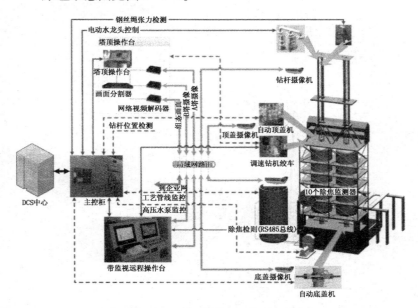

图 9-4-4　远程智能除焦系统原理示意图